世界高端文化珍藏图鉴大系

喧嚣中的净土

WORLD

家庭花园

TEA FAMILY GARDEN

肖 斌/编著

新世界出版社
NEW WORLD PRESS

图书在版编目（CIP）数据

喧嚣中的净土：家庭花园 / 肖斌编著 . -- 北京：新世界出版社，2016.6

ISBN 978-7-5104-5693-0

Ⅰ . ①喧… Ⅱ . ①肖… Ⅲ . ①观赏园艺 Ⅳ . ① S68

中国版本图书馆 CIP 数据核字 (2016) 第 100926 号

喧嚣中的净土：家庭花园

作　　者：肖　斌
责任编辑：张杰楠
责任校对：姜菡筱　宣　慧
责任印制：李一鸣　王丙杰
出版发行：新世界出版社
社　　址：北京西城区百万庄大街 24 号（100037）
发 行 部：（010）6899 5968　（010）6899 8705（传真）
总 编 室：（010）6899 5424　（010）6832 6679（传真）
http：//www.nwp.cn
http：//www.nwp.com.cn
版 权 部：+8610 6899 6306
版权部电子信箱：nwpcd@sina.com
印　　刷：北京市松源印刷有限公司
经　　销：新华书店
开　　本：787 × 1092　1/16
字　　数：250 千字
印　　张：16
版　　次：2016 年 6 月第 1 版　2016 年 6 月第 1 次印刷
书　　号：ISBN 978-7-5104-5693-0
定　　价：128.00 元

PREFACE 前言

花园是种植花木，以供人们休息、游玩的场所，家庭花园便是在家庭住宅范围内的花园。因为是位于住宅之中，家庭花园相比开放的花园就有了更多的私密性，主人完全可以凭借自己的喜好来改造花园，从而制造出舒适、宜人的环境。

家庭住宅的形式有许多种，有的是单层的楼房，有的是独栋的院落。多样化的住宅形式给家庭花园的选址提供了多种方案，不仅独栋的院落可以设计出美丽的花园，在空间有限的阳台，以及垂直的空间上、房屋的屋顶均可设计出别出心裁的花园。

家庭花园的设计风格涉及两个方面：地区风格和艺术风格。不同地区的花园有各自鲜明的特点，使用何种风格要按照本地的自然情况而定。艺术风格的选择和花园主人的喜好有密切的关系。而家庭花园的景观主体是植物，包括观赏植物、花卉植物、攀缘植物等。植物的选择可以很大程度上影响花园的设计风格，有些植物可以体现现代的设计风格，有些则可以体现古典园林的风格，所以如何选择植物和设计造型也是非常重要的。鉴于越来越多的人热衷于建立家庭花园，我们特编撰了此书，希望能为广大读者提供一些帮助。

本书内容丰富，通俗易懂，不但介绍了家庭花园的选址和不同花园的具体设计，还详细介绍了花园植物的选择和花园养护工作等知识，达到了面面俱到、不留盲点的目的，具有很强的实用指导性和欣赏性。

在繁忙的学习、工作过后，回到家中并漫步于美丽的花园，欣赏植物的美丽、嗅闻花卉的芬芳，不但放松了身心，而且让精神得到了升华。希望读者朋友在看完此书后，对花园的设计会有更多了解。

由于编者水平有限，书中难免有疏漏之处，敬请广大读者朋友批评指正，以便再版时加以改正。

目录

CONTENTS

家庭花园的选址

家庭花园的设计

家庭花园的植物

花园植物的养护

家庭花园的选址

花园是种植花木，以供人们休息、游玩的场所，过去“花园”常用在园林建筑的命名上，现在花园主要指的是具有开放性特点的公园等场所和私人的花园。

开放性的花园多在户外，花园中的景观主体是植物（主要是观赏植物和花卉），同时需要搭配人为景观。

家庭花园是私人的花园，在选址上具有多样性的特征。可以用来作为家庭花园的选择有许多，大的别墅院落可能有很大的空地作为家庭花园；普通的居民楼则可以将阳台作为家庭花园的选址；另外屋顶和垂直的墙面都可以作为家庭花园设计的载体。

◆ 西式阳台

阳台

阳台从建筑整体中延伸出来，让建筑和外界得以沟通。

阳台的广义概念是：具备永久性上盖、有围结构、有台面、与房屋相连、有可以活动和利用的房屋附属设施，供居住者进行室外活动、呼吸新鲜空气、眺望外界环境、种花养草、晾晒衣物等的空间。阳台的布置体现了房屋主人的个人喜好和修养水平。

阳台有许多种类，按照开放情况可以分为开放式阳台、封闭式阳台和半封闭式阳台；如果按照阳台和主墙体的关系，则可以分成凹阳台、凸阳台和半凸型阳台；按照不同的朝向则能够区分成东向阳台、南向阳台、西向阳台和北向阳台，另外还有东南、东北、西南、西北朝向的阳台。

◆ 封闭式阳台

◆ 开放式阳台

封闭情况分类

封闭式阳台：这种阳台是单元房的一部分。这种阳台装有窗户玻璃，有效地和外界隔绝开来，从而减少了外部风雨对阳台的直接影响，封闭式的阳台可给喜欢温暖气候的花卉（比如非洲紫罗兰、大岩桐等）提供比较适合的生长环境。同时因为玻璃的作用，部分紫外线无法照射到阳台内，部分需要足够直射阳光才能正常生长的花卉（比如月季、叶子花、石榴、半枝莲、太阳花等）就不适合放置在封闭式阳台中。通过阳台玻璃的开合，光线和通风状况得以调节，比如夏季炎热便可以开窗通风。

半封闭式阳台：阳台有部分玻璃窗户隔挡。有一部分的玻璃隔挡之后，通风状况不错，不过阳台的温度和外界的差异不大。这种阳台可以种植喜阴的花卉。

开放式阳台：这种阳台是开放性的，没有玻璃窗隔绝。因为没有窗户的隔挡，空气流动性好，非常适合种植牵牛花、金银花等攀缘性花卉。但是如果楼层太高，开放式阳台周围的风力通常很大，摆在那里的花卉经常会被吹倒，这个时候可以利用加挡风板等方式降低风速。这种阳台的温度和外界温度非常相近，在热带和亚热带地区，冬季相对夏季温度较低；温带和寒带地区，冬、春季的温度很低，因此多数的花卉不适合在这种开放式阳台上生长。

建筑形式分类

假阳台：这种阳台并非真正的阳台，比方说某种建筑物的底楼窗户外设置的花坛式样的阳台。或者说街道两侧的建筑物，可以把外窗做成落地窗，窗户的外侧设置半高、阳台式样的围栏，不可上人，围栏的底部使用钢筋加固后放置塑料或木质的栽植箱，然后种植植物。

凸阳台：别名“挑阳台”。这种阳台的主体部分从外墙中突出，三面悬空，这种阳台的视野出色，不过不能防风防雨，如果夏季阳光直射，很容易灼伤植物，这种阳台通常使用挡板对光线进行控制。此类阳台的承重能力相对一般，比较适合放置中小型盆栽，不适合放置重量比较大的石料假山，更不适合制造人工水景等景观。

凹阳台：这种阳台位于外墙中，有时候和外墙平齐，一面是凌空的，有不错的防雨和安全性，有些情况下还可以作为过道使用。这类阳台通风较差，光线较暗。

半凹半凸型阳台：这种阳台的部分突出于外墙，部分凹陷于外墙内，也有单侧凸出外墙，其他两侧悬空的情况。这类阳台的通风较好，而且还可以遮挡部分阳光，是比较适合种花的阳台，这种阳台能种植多种植物。

飘阳台：这种阳台出现在新型建筑中，很多建筑为了有效利用空间，将窗台设置到墙体外，更容易被光线照射，外围使用玻璃密封，就像是封闭的外阳台，故而得名飘阳台。飘阳台非常适合养花，种植的时候可以在花盆底部放置浅水盘，防止漏水，另外还可以种植吸收有害气体的吊兰等；仙人掌类植物晚上可以制造氧气，也是不错的选择。

◆ 假阳台

◆ 凸阳台

◆ 凹阳台

◆ 飘阳台

◆ 垂直花园

垂直花园

垂直花园是花园的一种形式，垂直花园中的植物会呈现出非常立体的效果。在自然界之中，小树通常生长在大树的庇荫下，在小树之下则是灌木和其他菌类植物，形成了非常自然的生态体系。制造垂直花园就是要让园中的植物可以相互依傍而且可以和谐共存，但这并不意味着到处都要有人工设计的痕迹，垂直花园追求的效果是尽量自然。

◆ 爬山虎绿墙

◆ 垂直花园

垂直花园中主要的植物当属攀缘性植物。垂直花园就是在垂直面上进行景观塑造的艺术，在垂直面上种植攀缘性植物，在垂直面下则是花架，下面还可以种植其他植物，这都是垂直花园可供思考的设计方案。

◆ 屋顶花园

◆ 屋顶花园

◆ 屋顶花园

屋顶花园

屋顶花园，顾名思义是一种建筑在屋顶之上的花园，这种花园可以有效改善城市环境， 对于提升环境质量帮助甚大。

屋顶花园的具体设计主要依赖主体建筑物的屋顶、平台、阳台、窗台、女儿墙和墙面等部分，主要的绿化面积也集中于此，制造这种绿化带很有感染力。屋顶花园不仅可以降温，还可以隔热，同时兼有美化环境、净化空气、改良局部小气候的功效，对于丰富城市景观、增加绿化面积都有效果，因此很值得大力推广。

家庭花园的设计

家庭花园的选址是多样化的，不同选址的花园在设计上都有差别。不同选址的花园还有许多不同类型的风格，不同的风格就要用到完全不同的设计。下面我们就来详细介绍一下花园设计的内容。

花园的风格

地区风格

中式风格

中式风格园林深受我国传统文化影响，因此具有了浓烈的古典水墨画的境界和意蕴，中心思想是“天人合一”。中式园林的设计重视曲线构图，园林中的曲线极其常见，少有一览无余的画面，给人一种桃源仙境的感觉，这种设计多用在面积较大的花园里。在具体的设计中，中式花园有三个必备的元素——建筑、山水、花木。

建筑：中式花园的主体建筑为亭、台、廊、榭，使用月洞门、花格窗对空间进行阻断和分割。一般花园建筑依地势而建，有实用的休息功能，还是游园的人视觉的聚焦处，可以增加花园空间的趣味。

山水：中式花园的基本追求是重现自然山水，因此山与水是必不可少的。在国人的传统观念中花园不能缺少水的元素。一般来说，如果花园足够大，那就可以制造出叠水、瀑布的效果，还可以构造出溪水和山泉的景观，搭配假山等就能够组成非常大气的景观。面积有限的花园，则可以先制造一潭绿水，搭配天然石块的驳岸，也能为花园增添古韵。

花木：中式花园的植物选择很有讲究，常常有非常强烈的寓意和一定的摆放规则。梅、兰、竹、菊无疑是代表性的植物，用这四种植物就可以体现园子主人的高远志向与坚强清雅的君子风范；石榴、夹竹桃则有吉祥的寓意。花园中植物具体栽种于何处，都有说法，比方说屋后栽竹，厅前植桂，花坛种牡丹、芍药，石阶之前栽种梧桐，转角处种植芭蕉，白皮松种在坡地上，水池中种植荷花等。现代的中式花园的植物种植位置更为灵活。

◆ 中式花园水景

◆ 中式花园的花木

◆ 中式花园的建筑

◆ 日式花园枫叶景观

日式风格

日式花园深受中式风格的影响，甚至可以说是中式的微缩呈现，不过日式花园不追求书画意境，转而开始追求“枯”“寂”的境界，即所谓的禅味园林。现代日式花园的总体设计秉承着不对称的艺术特色，园林风格则是质朴而静寂，细节上的处理是日式花园艺术处理相当精妙的地方，像碎石、残木、青苔，都有非常浓烈的写意韵味。

日式花园的精髓部分是枯山水，用极少的构成要素达到极大的意韵效果，强调的就是孤寂的那种凋零之美。枯山水中“水”的部分常用沙石进行塑造，而“山”的部分则用石块来塑造。很多情况下还会在沙上描绘水纹，体现水之流动。日本枯山水发展至今，备受欢迎，这是因为日式园林可以在小空间内制造出别致的韵味。

植物：日式花园的基础部分是植物，植物配合山石、水体一起被称为最主要的造园材料。主要的景观植物是樱花、枫树、罗汉松等。这几种树木的特征是枝干鲜明，更多表现枝条的特点。这是因为它们在冬天会落叶，因此观赏的主体部分就是枝干本身，阳光照射下来后会散开。日式花园的植物种植有一些特点：植物品种不多，常见的主景植物只有一两种，再选用另一两种植物作为点景植物，一方面层次清晰，另一方面则相当简洁、美观。

水与石：日式花园不可或缺的元素就是水，按照主人的喜好和花园的不同面积，设计成带有木制拱桥的池塘，可以是角落部分的洗手钵，也可以是象征大海、沙滩的沙池和岩石。无论选择在花园中设计一个池塘，还是设计枯山水风景，都可以按照个人想法添加小的创意元素，常见的配置物是卵石、石灯、手洗钵等。屋前和玄关外围常铺上小石子，这些石子有干燥和净化的功效，而卵石有时也作河流等水景的意象之用。另外，花园的地被植物中和路边常可以看到石灯，这样哪怕在夜晚也可以欣赏园中风景。

色彩：日式花园的色彩相当奇异，房屋常用灰色作为主要色调，巧妙结合了不同浓度的绿色、褐色、灰色、土色。虽然日式花园的主要色调是由常绿植物来表现的，它们的绿色也有从黄绿到蓝绿甚至墨绿色的区别。此外，部分常绿植物还可能于春季生长出浅绿色的针叶和球果，部分植物会在秋季结出或红或蓝的浆果，这都让花园色彩变得更美丽。

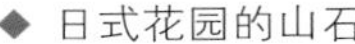

◆ 日式花园的山石

◆ 日式花园的色彩

◆ 欧式风格花园

欧式风格

欧式花园设计的风格就是规则，有古典花园的气质，特点是庄重典雅。而现代欧式花园营造美感时，常使用瓮缸、装饰罐、雕像等装饰小品进行增色。花园空间够大则可以利用圆柱、喷泉、观景楼、方尖塔和装饰墙进行装饰。下面介绍几种欧式的花园风格。

希腊花园：主要的景观是洁白的墙壁、瓷砖装饰的庭院、陶罐中种植的花卉，结合希腊的蓝天和海洋美景。希腊风格花园需两大因素的结合：天然无修饰的特点配合细腻的色彩、形状呈现。美食、陶罐、餐桌、花盆是希腊花园的要素体现。

◆ 希腊式花园

意大利花园与法式花园：法国和意大利的花园设计可以说是世界驰名。对比意式，法式设计更侧重于对称的几何图形格式布局，整体风格华丽而且宏伟；意式更看重水景设计，巧妙利用高低处水流的落差压力制造出不同样式的喷泉。意式和法式都常见平整修剪的灌木和纪念喷泉等景物。此外，花园空间允许建造一些装饰性的建筑。

英式花园：英式花园多用经典的自然式布局，追求的是自然的那种景观形态。常常利用自然式地形、水体、园路和植物来布置花园，凸显自然的美好情趣。英国风景式庭院中常用到花架，花架使用木材、石材、砖、混凝土做成，另外还有使用古典柱式植物做成花架的情况。

◆ 法式花园

植物：除了英式花园，多数的欧式花园都会利用齐整的树篱和灌木作为主要植物景观，花卉相对少见，整个庭院主色调是深绿色。整齐的花坛中常可以见到人物的图案。在庭院的边界常种植高大树木，作为园中景物的背景。

园路：欧式花园的路的类型主要有草皮路和碎石路。如果道路距离房屋比较近，便可以使用硬度高的材料铺地，比方说使用大理石拼成鲜艳有趣的图案的园路，令整体感觉更加出众。如果离建筑物较远，则可以使用柔软的植物材料。

色彩：欧式花园并不太看重色彩，通常来说花坛只种植一种颜色的同类花草，园木常见的类型是观叶类、灌木类，水池中的植物种类比较多，这让水池变得相当自然和美丽。但是菜园色彩相对丰富，比如在整整齐齐地种满观赏性植物和药草的花坛中常可以发现用于点缀的玫瑰。

◆ 花园植物

◆ 花园道路

◆ 美式花园内景

美式风格

美式风格花园早期模仿欧式花园，现在也有了独立的风格，渐渐变成了独立的体系，总体风格是简洁、明晰，细节上，要求线条优雅、得体有度。艺术特点就是在多样的自然环境下，配合灯光，制造出别样的美感，而光影丰富了感受。

◆ 美式花园

木材：美式花园中的木材一直都是有画龙点睛功效的。通常使用木材制造的桌椅、花架、秋千椅、围栏，不管将它们放置在花园的哪个区域，都能够营造出温馨、舒适、自然的环境美感，充分体现了美国人对回归自然的迫切渴望。

东南亚风格

东南亚风格的基本特点是：自然、健康、休闲，空间改造和细节装饰均是如此，不仅尊重自然，而且崇尚手工艺制作。营造东南亚风格花园的最终要求就是人可以自由舒适地随形坐卧，舒缓紧张情绪，抛开纷扰的俗世，遗忘身边的繁杂。

色彩：东南亚风格花园的色彩很浓郁，常见的颜色有深棕色、黑色、褐色、金色等，整体的感觉稳重，还有鲜艳的桃红色和黄色等。较为自然的颜色，比方说原木色、褐色等色彩，加上布艺的点缀搭配，可以让整体的气氛更加放松，布艺多为深色系，日光下常见变色，稳重中带有富贵之气。受一些西式风格的影响，浅色系现在也较为常见，如珍珠色、奶白色等。

◆ 东南亚风格花园

◆ 东南亚风格花园一角

◆ 东南亚风格花园植物

材料：东南亚风格花园尽量还原自然风格，合理利用本地的材料，比方说植物、桌椅、石材等，强调简朴、舒适的度假风情。东南亚风格花园使用的建筑材料具有相当鲜明的代表性，比方说原木、青石板、鹅卵石、麻石等。

植物：东南亚花园种植的绿色植物可以直观体现热带风情，比方说热带常见的棕榈树和攀藤植物，另外一些热带乔木，像椰子树、绿萝、铁树、橡皮树、鱼尾葵、波罗蜜等，都有非常浓烈的热带特点，这些植物都是设计东南亚风格花园的必需品。在东南亚花园中，利用棕榈的扇形树叶和嫩绿的植被可以制造出错落的效果，从而增加花园空间上的层次感。

水景：水景一直都是东南亚花园中不可或缺的特色。精心设计的泳池随处可见。如果花园面积较小，也可以在适当的地方设计出养殖观赏类金鱼的池子。水池的旁边还可以铺上沙土色系的压花混凝土或砂岩，这样不仅美观而且防滑。

地中海风格

地中海风格的花园在空间的具体设计上相对自由，总体的感觉是色彩明亮、大胆、简单但不单薄。地中海风格非常重视木材元素的使用，这种木材可以给花园带来相当浓郁的人文色彩。

色彩：地中海风格的花园常使用明快的色调，使用明快的色调可以制造出明媚、浪漫的感觉。其颜色主要以蓝色为主，常见的颜色有：黄色、陶土色、白色，亮丽的色彩配合周边的草本植物，有助于人的心情放松。

◆ 地中海风格花园

◆ 石材景观

植物：地中海风格园林常见的植物为亚热带常绿硬叶林，通常亚热带植物的叶片较厚，表面覆盖有蜡质，主要品种包括葡萄、橄榄、柑橘等。地中海风格的花园在植物的处理上更趋于自然，尊重植物本身的生长趋势。在最初设计植物景观时，一定要考虑阳光的分布，把部分喜阳、茂盛的植物种植到阳光充足的区域，使用铁艺拱门、搭架等设施还可以使植物的造型更美好丰富，促使植被立体地生长、展开。

木材：木材无疑是花园设计的重要因素，它可以增强庭院的天然感和形式美，伴随着时间的变化，树木也会出现变化。木材质地较之钢铁、混凝土更加柔软，颜色更自然，一段时间后，树木上常有藻类、地衣、苔藓附着，这些生物的颜色结合树木自身的颜色，会组成很漂亮的景观。木材的加工性能出众，适合设计许多造型，不但可以制作小品，而且可以制作台阶、栏杆、围墙扶手。

石材：可用的天然石材的种类是很多的，使用天然的石材进行铺装的种类也相当多。比方说园林中的裂纹石地面、鹅卵石地面、燧石地面、石块地面等。当使用自然石或裂纹石为公园铺设路面时，必须要考虑霜冻和雨水对路面的损坏以及行走的舒适性。

◆ 花园的植物景观

在花园中随意摆放不规整的石头，同样可以增添许多情趣。石头的类型要注意，较好的选择是石灰石。这类石材质地较软而且多孔，有过滤水汽的功能。一些植物的根部还能够透过石块继续生长，地被类的植物经常附着在石块上，石块和植物很和谐。

园路：园路的铺装形式是多样化的，总体说来，就是围绕着形状、色彩、质感和尺度四个要素进行调整。

设计园路的时候，要用到构成平面的点、线、形等要素。点可以吸引人的视线，使之成为聚焦点。在单纯的铺地上，分散布置灵动的点状图案，能够带来出众的视觉效果，给空间带来活力。线的运用效果更强，直线能够带来一种安定的感觉，曲线则有动感美，折线、波浪线还有起伏跳跃的感觉。形的本质便是图案，各异的形状可以提供截然不同的心理感应。如果点、线、形组合不遵循固定的规律设计，最终形成的园路肯定是千变万化的。不同的图案形成不同的空间感，可以是精致的，也可以是空旷的；可以是自然的，也可以是人为的，对于环境背景都有强烈的影响。

◆ 园路

◆ 水景部分

园路通常只是空间的背景，通常情况下不可能是主景，所以其色彩常以中性色为基调，通常是利用小部分偏暖或偏冷的色彩进行花纹装饰，整体的感觉沉稳但不单调。如果色彩过于鲜艳，容易喧宾夺主、破坏主题。

水景：花园水景的用途是多样的，主要包括三个。一是作为景观的主体，比方说喷泉、瀑布、水池等，都以水体作为题材部分，水一直是花园必不可少的部分；二是有利于园林的环境，能够净化空气，同时为草木的灌溉提供便利；三是为庭院观赏性水生动物和植物的生长提供条件，创造和谐、多样的局部生态。

植物：地中海风格花园常用的植物主要是棕榈科植物，比方说朱蕉、黄椰子、观音棕竹、海枣、椰子等；部分可以开花的藤蔓植物，比方说紫藤、炮杖花、蒜香藤、忍冬、三角梅、紫蝉花、软枝黄蝉等。如果植物的色彩比较明亮，带有比较浓郁的热带气息，也可以营造休闲风格。

照明：天黑后，人在庭院中散步时要看清楚路，故而回廊、路旁、台阶以及座椅旁非常需要设置灯光。而且要注意灯光的亮度，低亮度的照明更合适，能营造一种柔美的气氛。通常从台阶两边和道路两侧的低矮处照射出来的灯光相比从高处照射的灯光效果好。因此，花园照明最需要关注的其实是灯具的质量和位置，而不是灯具的设计。

花园的装饰：类似于室内的软装修，如果居所没有经过精心装饰和布局，那肯定是不行的。花园中的装饰品可以直观体现设计者的喜好。装饰品可大可小，风格同样是多样化的，比方说怀旧、怪异、简约主义、浪漫情调等都可以体现。从功能上说，装饰品具有观赏性，引人入胜，装饰品的制作因此有一定的挑战性。无论如何，这些装饰物都要直接体现主人的品位和思想。

装饰和整体氛围：花园的整体环境直接影响了装饰品风格的呈现，另外还有一点，花园的环境特点直接影响了整个花园设计的氛围。相同的装饰品在不同环境中营造出来的氛围肯定是不同的。例如，一对线条简洁的大象雕塑如果放置于门户的两旁，便可以直接凸显主人稳重的品位，有一种对称和秩序的美感。如果将大小不一的陶罐对称放置到小水池处，配合喷泉，立刻就能够营造出凉爽的惬意感觉。

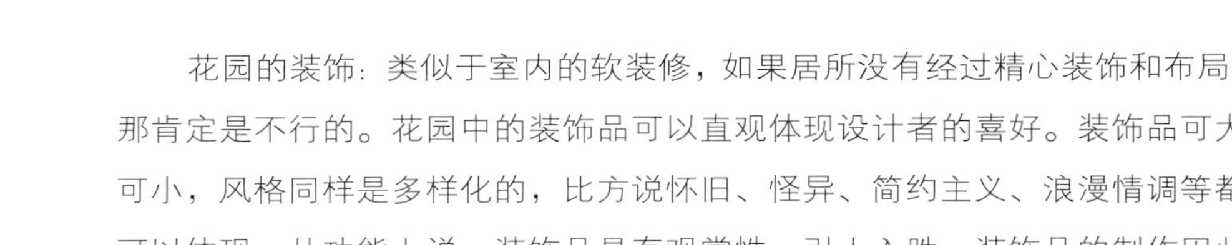

◆ 花园装饰一角

◆ 花园装饰物

装饰品与花园：很多朋友在设计花园时的一个误区是以为小花园就该搭配小型的装饰品，因为花园面积小，空间只能放下单独的主体装饰品。那么，就得先注意，装饰品的大小比例要非常合适；其次，装饰品必须具有鲜明的特色。其实即使花园面积不大，选择体积大的装饰品也是可以的。人平时观察景物的时候，不单会俯视或平视，有时候还会从下而上地仰视。即使是一件普通的雕塑，放到了景物墙的上方，也会十分引人注目。

遮掩与强调：装饰品有个功能，就是直接遮掩后部，凸显花园中的部分元素。例如，在小径的一旁设置雕塑，在雕塑上喷涂浓烈的色彩，可以直观地吸引别人的目光。这样，小径两侧种植的花草哪怕不是那么美观，也不会非常显眼。假如花园外面有一些不太雅致的景观，但又无法改变，就可以在花园的边缘设计一个美观的装饰品，以吸引参观者的视线。

◆ 现代风格花园一角

艺术风格

现代风格

现代主义风格设计出的花园是一种简约主义的花园，这种风格多出现在现代主义风格或 20 世纪末建成的建筑的周围，风格特点是简约。现代风格设计简单灵活，建筑形状多使用简单的长方形、圆形或锥形，美观而且实用。同时通过引用其他新材料，设计时利用抽象元素进行艺术的对比，构思小品、色彩等，这都可以给花园提供新鲜和时尚的超前感。

材料：现代风格的花园地面铺装经常利用修饰后的石块、鹅卵石、木板、水泥、混凝土板等。其他的材料还包括钢材、不锈钢、水泥、镀锌加工的材料和玻璃等。

植物：现代风格的花园最常见的植物是直立而且高大的乔木，同时配搭相对低矮但富有美感的植物来保证景色的均衡。此外还多用竹子、新西兰亚麻、丝兰等装饰局部景观。

户外用品：现代风格的花园通常不利用石头、假山等相对巨大的物品进行景物构造，主角往往就是一套户外用品和一些装饰性的花草。现代风格花园最看重实用性，通常设置有桌椅设施，当亲朋来访时可以在花园中喝茶、聊天。冬天，如果阳光无法照射到屋内，还可以在花园中晒太阳。

◆ 户外用品

自然风格

自然风格的花园追求的是纯天然的美感，因此基本不会使用带有人为痕迹的结构和材料。设计的思路是虽为人作，却如天成。需要制作一定的硬质构造物，也采用天然木材或当地的石料，以保证环境氛围的和谐。

植物：自然风格的花园中选择的植物要求本地化，在花园空间内呈现出大自然的美景，通过人工配植植物，让各种乔木和灌木错落、疏密地整合到合理的位置上，协调好自然和人工的美感，从而合理体现出自然的生机盎然。值得注意的是，自然风格的花园中用到的植物种类不宜太多，应以一两种植物作为主题的景物，然后配搭另外一两种植物。选择植物时同样需要符合建筑风格，植物的层次要清楚，形式应简洁而美观。

布局：自然风格的花园布局讲究不对称均衡性，花草的不对称均衡配置有非常灵活的特性，比方说在花园的路边设置体积较大的植物，另一边就可以设置灌木，看似并不对称，可是整体的感觉却异常自然轻松、富有生气。

◆ 自然风格花园

◆ 自然风格花园

◆ 自然风格花园

◆ 露天阳台

阳台花园的设计

东向阳台

朝向为东的阳台是东向阳台，这种阳台通常位于楼房最后，是比较理想的养花场所。

1. 光照特点

东向阳台通常有 3~4 小时的阳光照射，上午的光线相对柔美，下午东向阳台便没有阳光了。这样的光照条件基本可以满足普通花卉对直射光的需求，同时不会伤及花卉，因此需要短时间光照和稍耐阴的花卉适合种植在东向阳台上，比方说兰花、杜鹃、秋海棠、蟹爪兰、君子兰、茶花、凤梨，还有中性、半阴性、阴性花卉。

可是照射到东向阳台的光线相当固定，光线的倾斜度较大，多数的植物都带有趋光的特性，植物因此很容易向光线照射方向生长。所以在东向阳台上种花要不定时地转动花盆，防止花卉偏向生长。

2. 通风状况

东向阳台通风的状况相对南向阳台要差一些，尤其是冬季和早春，如果冷风从北侧吹来，干风还会给东向凸阳台及阳台边沿花槽中的花卉带来损伤，因此我们可以在凸阳台北侧设置挡风板，对凹阳台就不用这样操作了。

3. 栽花管理

除了南方和部分无霜期、比较温暖的地区外，那些种植在东向阳台上的喜温畏寒的花卉，都需要移到室内过冬或者加盖防护罩来保证植物免遭冻害;部分比较耐寒的花卉遭遇严寒天气时，也需要套上塑料膜或塑料袋保暖。

封闭式东向阳台因为光照时间不够，所以并没有南向阳台温暖，在冬天温度不算太低的情况下花卉仍可放置在阳台上;如果室外温度降到0℃以下，或者温度骤降时，则需要用暖帘保暖，同时用加湿器加湿。在封闭式东向阳台内，如果冬季最低温度不低于5℃，大部分花卉均能安全过冬。

◆ 阳台

◆ 东向阳台

◆ 南向阳台

南向阳台

南向阳台就是朝向南面的阳台，建筑物中这种朝向的阳台相当普遍。

1. 光照特点

通常来说，朝南的阳台（特别是凸阳台），只要建筑物周边没有高大树木或建筑物遮挡，从日出到下午的四五点钟都能够接受阳光的照射。因为光照充足，在园艺上就称为全日照，对喜光的花卉是最有益的，比方说天竺葵、太阳花、石榴、紫薇等。南向阳台在夏、秋季的光照特别强烈，部分喜阴或喜半阴的花卉叶片容易受伤，需要采用遮阳网等遮阴。而朝南阳台的顶部较阴，阳光斜射同样很难照到，这个区域更适合喜阴的植物。另外，阳光照射到朝南阳台的范围会因为季节变化而出现变化，从秋季起，阳光的斜射逐渐增加，因此可以照到室内。冬天的时候阳台大部分地方都有斜射光，故而朝南阳台安装玻璃后可以给花木越冬提供理想的场所。

在南向阳台上种植的花卉早、晚都会接受日光照射。早、晚的光线多为散射光，光线中超过一半是红、黄光线，有利于花卉的生长；中午的光线多直射，却只有不到四成的红、黄光线，光质便和散射光差距较大了。

◆ 阳台花园

2. 通风状况

春、夏季南向阳台吹来的风是东风和东南风，通风好，对植物生长有利；秋、冬季，西风、北风通常吹不到阳台，对养花非常有利。有一些阳性花卉喜暖畏寒，比方说凤仙花、五色椒、一品红、茉莉花、石榴、月季、彩叶草等，就很适合在朝南的阳台上种植。

◆ 阳台花园

◆ 仙人掌

3. 栽花管理

南向阳台的气候特点是夏季高温，冬季相对温暖，昼夜温差大。华南地区的夏、秋季高温时，仙人掌类、龙舌兰及天竺葵等几种植物因比较耐热能承受，其他植物不耐热便不能承受。冬天时候的封闭式阳台中白天温度能够超过 20℃，适合植物生长，可是夜间温度经常降至 5℃，甚至是 0℃以下，这样的温差有时会对花卉造成伤害。

夏、秋季，开放式阳台需要考虑的是防暑、降温、加湿；夏季时封闭式阳台需要开窗透气，防止花卉高温死亡，同时增设沙槽，放置水盆，平时还需要往地面上喷水，帮助降温。

冬季，南向阳台相对其他朝向的阳台更加温暖。在南方地区，许多花卉都可以在南向阳台度过冬天；北方地区的冬季室外气温经常降至0℃以下，除了部分耐寒植物（如六月雪、五针松、月季）可以过冬外，多数来自亚热带、热带的花卉都必须移到室内。而对于封闭式阳台上的花卉，如果遭遇寒流和雨雪天气时可以使用加暖帘保温，或者添置加热设施。

◆ 一品红

◆ 西向阳台

西向阳台

西向阳台就是朝向为西面的阳台。

1. 光照特点

西向阳台通常在午后需要接受 4~6 个小时强度较高的光线直射，尤其在盛夏期间，光照强度更大，不利于一些花卉的生长。这个时候可以搭上花架，种植葡萄、紫藤、金银花、栝楼、茑萝、牵牛花等攀缘性植物，在花架下种植喜阴植物，使之避免强烈的直射阳光。

西向阳台的温度特点概括起来就是夏高冬低、春冷秋燥，只适合种植可以适应巨大温差的花卉，比方说牵牛花、天竺葵、仙人掌等。

2. 通风状况

通常来说，我国西风中的水分比较少，相对干燥，早春和冬季尤其如此，西北风的侵袭很可能会摧残花卉。

3. 栽花管理

防晒方法：相比南向的阳台，西向阳台光照时间并没有那么长，不过因为下午的空气干燥、光照强度相当大，在夏、秋季时必须遮阴。通常是在中午放下遮阴帘，到下午四五点时再收起，中秋后便可以撤掉遮阴帘，阳光正常照射便可。

防旱方法：西向阳台最严重的问题就是干燥。西向的阳台最需要设置的就是沙槽。高温季节经常给花卉浇水，并多在阳台的地面、墙面上喷水，以提高湿度。冬天温度比较低，就不能浇太多水，避免低温冻害的情况发生。

防寒方法：在早春及秋、冬季节，如果西向阳台是开放式的，就需要在西面和北面设置挡风板，主要避免西北风对花卉造成危害。在北方，如果种植一些南方的畏寒花卉，在时间稍早的时候就需要把花卉移到室内；如果花卉无法移到室内，则可采用加热、用塑料袋覆盖的方式进行保温。

◆ 西向阳台

◆ 西向阳台

◆ 西向阳台

◆ 石榴盆栽

北向阳台

多数家庭的北向阳台和厨房连在一起，大多用来堆放杂物，一般不用来养花。

1. 光照特点

北向阳台基本上全年背阳，只有夏季早上和傍晚的一小段时间有直射的光线，但其光线比室内要明亮得多，空气流通状况不错。

◆ 绿萝

2. 通风状态

夏天的北向阳台相比其他朝向的阳台更加凉爽，温度起伏不算大，因此水分蒸发慢。冬季的北向阳台温度最低，常受西北风的侵扰，即便阳台是封闭式的，还是经常有灌入的冷风。北向阳台因而更加适合种植相对喜阴的植物，不适合种植喜阳的植物，像桂花、紫薇、石榴、月季就可能出现不开花的情况。现在普遍种植的观叶类植物如巴西木、绿萝、合果芋、朱蕉、橡皮树等，除了冬季外，都能够在北向阳台上很好地种植。部分早春开花的花卉如梅花、碧桃、迎春等，在北向阳台上都可以种植，北向阳台的温度比较低，利于诱导花芽；如果把花移到南向阳台，花肯定开得更旺盛。

北向阳台不必担心暴晒，但防风是不可少的，凸阳台特别需要注意，需在西边和北边设置高挡风板避风。

◆ 观叶植物

3. 栽花管理

相比其他的阳台，北向阳台并不算太干燥，不过空气含水量不高。如果种植喜阴、喜湿的花卉，就需要配置沙槽或水盆，平时也需要对地面、叶面进行喷水，提高空气湿度。

北向阳台最严重的问题是寒冷和缺乏阳光，封闭的北向阳台没有防风、防燥的问题，可是温度还是较低，不适合花卉过冬。

◆ 金钱树盆栽

◆ 大叶菊花盆栽

◆ 凤尾竹盆栽

◆ 袖珍椰子盆栽

具体设计

不管花园选址的区域大小如何，哪怕选址区域只是小小的阳台，同样可以用特殊的审美眼光来进行布置，把它分成几个区域，然后具体规划用途。

朝向

花园的环境条件会直接影响到具体的设计规划。这其中最需要关注的问题就是朝向，同时需要考虑周边的建筑物或大树是否会影响到阳台的环境。阳台的朝向不同，温度、湿度、风力情况都有差异，也要注意太阳在不同季节的光照强度，而不是只考虑单个季节的阳光照射情况。

◆ 阳台景观

恰当的布置

具体的花园布置中需要考虑的问题还有几个部分的构想设计。构想设计完备，如果之后想调整的话也更容易。

注意布置的时候尽量避免太多琐碎的工作。细碎的工作做多了可能导致环境变得不协调。可以从花园的总面积来看一看，如果阳台面积比较大，毫无疑问，就可以设计出不同的分区，甚至做出相对应的景观。

◆ 阳台布局

植物品种多样化

花园中的植物类型要多样化，可以种植常绿品种和落叶品种，还可以种植小的灌木和大一些的乔木。至于说多年生植物、鳞茎植物，花卉、蔬菜等都可以混种，吸引对植物有益的昆虫和小动物来花园，它们可以在这里找到食物和栖息地。

多样地种植植物还有一个优势：当某种植物遭受疾病或寄生虫的时候，大量的其他种类植物可以将这种景观的损害降到最低，让损害变得不是那么引人注目。

◆ 阳台花园

◆ 园艺工具

整套园艺工具

选择工具的时候，要甄选自己能驾驭的而且质量出色的工具。工具是必不可少的，必须放到干燥的区域。常用的小工具可以放置在筐或桶里，规置整齐后，一切便准备停当了。无论是在花坛中或是在花盆里，都常用到小手铲、小耙子、除杂草刀、小锄子、整枝剪、剪刀，修树枝还要用到修枝刀。再加上一些小木桩和细绳进行具体的细节规划工作，另外还需要使用绳索和支柱对攀缘植物进行固定。

废旧物品再利用

花园中的许多物品都有对应的作用，哪怕是一些废旧的物品。一根竹竿、一条树枝、旧的铁器，或是被虫蛀蚀过的梯子，都可以直接支撑攀缘植物。装修时候留下的大号罐装桶还可以当作花盆，或是花盆外的套盆；废旧的铁锅可制作成精致的小花器，有缺口的盘子可当成花盆托……如何利用这些废旧物品很考验个人的想象力。

小花园的设计

迷你庭院通常指的是入门玄关延伸的部分，一般说来人们在此停留时间不长，故而设计小庭院的时候不要过于重视使用功能。设计难度不大，只要多种花、种草就好了。如果不想进行相对复杂的处理，那就铺草皮及石板，因地方小，铺设前的土壤清理工作量不是太大；另外还可以用木本花卉盆栽进行细节装饰，作为迎宾用。想要小庭院变得更加多彩的话，就可以合理利用当季便宜而且多样的草花进行细节装饰，这都会让花园在不同季节变得很美。

◆ 小花园

◆ 家庭小花园

庭院中摆设桌椅是相当常见的，桌椅能够给人提供休息的便利。现在能够买到的户外庭院家具种类很丰富，比方说桌、椅、遮阳伞、躺椅等。不同的桌椅有不同的材质，自然风格的有木质、藤编等，选购的时候要留意桌椅是否经过处理，因为处理后才能经受风吹、日晒、雨淋而不变形。使用锻铁、铝合金制作的桌椅有很强的欧洲风情，也可利用石头、木头，这种桌椅有更古朴的天然色彩。如果庭院不够大，桌椅最好选择折叠式的，这样平时收起时不占空间。

◆ 庭院花园

庭院花园的设计

准备工作

1. 施工之前的测量和计算

在进行设计前，需要了解花园的环境，先要确定花园的用途，然后进行估价，并确定施工次序等细节，这样才能够让施工顺利开展。

基地调查的内容主要涵盖了三个方面。

（1）尺寸，区域的具体形状、长宽、面积。

（2）具体环境，环境因素包含了土壤厚度、房屋的朝向和日照、季风风向、气温和适度状况、环境变化的状况、有无电源或排水系统等。

（3）细节问题，防水的情况如何、承重梁在何处、有没有建筑结构的伸缩缝等。

通常来说施工区域的大小没有硬性要求，小如窗台的空间也可以进行设计。通常庭院要使用相当多的曲线对建筑物刚硬的线条进行解析，因此长度不要求准确，按照现场的实际情况可以灵活调整。

◆ 小花园

◆ 家庭花园

2. 清楚设计花园的目的

设计花园前需要进行轮廓线规划。在绘制了轮廓线后，花园计划便变得具体了，还需进一步核实这一规划是否对路，然后做出修改，一些植物（比如树）的存在会直接影响具体的布置。此外，最初的轮廓线规划可以帮助设计者想到不同部分的转换问题。用餐区通常要和花园别的部分细分开，但其他地块之间都要有所间隔。比如，将一些攀缘植物设计到栅栏等拱形物体旁，制作成间隔。

花园设计要考虑的第一件事情是打造花园的意图是什么，是为了园艺、纳凉透气，还是想改善风水等，不同的需求会影响到各元素的组合。

花园如果以园艺为主，就必须设计出数量巨大的植栽；以透气乘凉为主的休闲式花园，要设计更多的木平台，摆放桌椅的同时还需要考虑维护。如果考虑风水，就必须重视水与树的关系，另外对于尺寸及方位都要研究。不同的需求，会有不一样的硬件设备、植栽种类，甚至整体的设计都要改变，我们因而也需要了解花园的功能，只有这样设计才能够一步到位。

◆ 花园园艺

◆ 花园一角

3. 花园的设计风格

花园常见的风格包括南洋风、欧风、日式和风、中国风等。南洋风花园主要栽种的植物是棕榈科植物和鸡蛋花，欧风花园的主要表现植物是尖塔形树种和草花，日式和风花园的表现树种则是五叶松、球形杜鹃等各种盆景植物和各种循环的流水，中国风花园侧重的景物则是回廊、小桥、流水等景观。说到具体的设计风格，通常要结合建筑物外观和室内装潢等因素，要求制造的氛围是统一的。

当施工图确定后，必须做出至少一次的说明，这个时候通常还需要加照片或图片进行说明，以确定设计风格及细节。不过，施工过程中经常会按照现场实际状况进行合理调整，变化是不可避免的，讨论设计的时候必须保留弹性空间。

4. 设计图要仔细审视

设计图具体分为三种：平面图、剖面图和透视图。平面图的内容是使用简单符号标示出硬件规划和植栽的设计。平面设计图固然详细程度不同，但通常都会配相关图片来说明。剖面图是展示内部构造的图例，可以形象地表达出设计人员的设计思想和意图，使阅图者能够直观地了解花园的概况或局部的详细做法以及材料的使用。透视图的内容有植栽、结构、木工、水电等不同的配置图，施工的时候可以具体参考一下。

◆ 庭院花园

5. 设计细节问题

具体的施工过程，不但需要明白硬件和栽种植物等工程，还必须了解施工天数、工人保险、环境整理、垃圾清运、会不会用到吊车等工程器械，任意一个部分都直接关系到施工费用，故而需要了解清楚。

计算施工具体的时间，必须综合考虑到周末和国家规定的假日。至于吊车，通常在空中花园的建筑施工中会用到，而地面庭院在工程进行中的材料常常是人工搬运的。

6. 具体的工程顺序

不同的花园会有前后不同的施工顺序，比如先铺面，然后种上乔木，之后加工石材，小灌木的栽种是最后做的；也有可能是先做好基础，再进行覆土，然后处理石材，最后栽种植物。通常是先看花园的设计元素包括哪些，之后具体进行顺序安排。

◆ 庭院造景

◆ 花坛

◆ 花园小景

施工有一个总体的原则：后续进行的施工工程不可以直接影响或破坏前面的施工工程。常见的顺序是硬件施工先进行，随后植栽，体积相对更大的物体优先处理，如先栽种乔木，然后放置卵石，或先摆放好大景石，再种花草。通常来说，整体施工的顺序为：清理废物→整地→去除有烂根的土壤→调整泄水坡度→安排水电管线→泥作→木作→安置石材→种植乔木→植栽等。

整地

在确定了设计的大方向后，就可以进行具体的施工了。通常第一步操作需要先从整理现有环境开始，甚至还需要按照具体情况改善土质。明白了整地的细节，也有利于花园施工。

1. 整地的必要性

如果最初的土地上杂草丛生，甚至有没有意义的物件，为了方便后续施工的进行，这个时候必须清理干净场地。随后进行整地，整地的时候还可以更改土层高低坡度。后续工程如果有泥作部分，有时还需要往下开挖基础。

整地的时候，健康的植物是可以保留下来的。如果想更新土壤，就需要进行土壤分析，搞清楚植物生长不佳的具体缘由；如果需要改良土壤，可以施用有机肥或轻质介质，并翻耕 20~30 厘米深，保证肥料能够让土壤吸收。

◆ 花园

2. 客土的使用问题

客土并不是环境中本有的土壤，客土来自于花园之外，而且适合栽种植物。

使用客土的原因是花园的本土质量不够好，不太适合栽种植物，因此选择刨去本土，添加客土。另外在花园造景的时候，设计有高低层次变化的地形，均可能出现本土用量不够的问题，这时就需要使用客土。

注意客土应是未遭受污染的土壤，而且排水性更出色。另外，也要注意客土的酸碱性，注意客土和植物的匹配。

◆ 庭院休憩设施

◆ 土壤搭配

3. 放样

放样的意思是把花园设计图按照一定比例放大之后画到地上。进行初步放样时，可以用插木桩或竹竿、放石头等方式来表示图上的标志；使用白石灰画边界也是可以的，如果是硬地，可以使用粉笔、喷漆或墨斗进行放样。

放样的工序可以让工人了解不同位置的元素之间的关系，通过这一工序，还能够清楚工人的施工范围。在看初步放样时，可以针对个人的感觉进行大小调整，当觉得整体配置合理后再进行施工。

4. 素材配置

设计花园中植物和装饰小品时，一般情况下会把大、中、小排成不等边三角形，这三种尺寸的比例分别为：中是大的 2/3，小占中的 2/3。在整体的规划上从远到近，可以参照中、高、低的顺序安排，让景观看起来有层次，也不会过于呆板。

◆ 花园小径

◆ 花园内景

◆ 花园小景

5. 景物空间感

关于景观空间感的问题，可以利用平面设计、造景或插花等方法来解决，在比较小的范围内，理清空间的主客关系。

设计花园前可以去学习一些插花的知识，看一些相关照片也是可以的，增加自己对空间配置的认知，在具体设计工程的时候就可以防止因为自己主观想法的不科学，导致工期延误。

排水系统

1. 对原先的排水效果进行测试

当面对崭新的花园基地时，设计师肯定先要测试排水效果，转而改善不足之处。

先要搞清楚原泄水坡的坡度和排水孔的问题，在花园本身有排水孔的前提下，可以拉水管灌水查看水流的流畅程度，如果流速不够，出现积水的情况，则必须清理排水管。然后在花园上浇水测试泄水坡的排水，观察会不会出现积水或流水不畅的区域，若有，要填补，使其达到基本的排水效果。

2. 排水、水电管线

花园的地下通常埋藏了许多提前设计安排的水、电及排水管线，因为这些线路的存在，花园才得以正常维护使用。欣赏花园之余，能够了解花园的管线对于日后的维护将更有帮助。

◆ 花园

◆ 花园喷泉

3. 排水层

排水层通常设置在水泥或瓷砖、油漆等不容易透水的区域，常用在屋顶及阳台花园施工的时候。排水层使用的材质是带有孔洞、脚高 2~3 厘米的树脂或亚克力材质板，这些材料能保证下水管迅速排水，有利于土壤排水，通常还可以避免漏水问题。

施工之前通常需要先铺防水布，然后使用水泥做成保护层，再放排水板。排水板的上面要用保土而且透水的无纺布铺好，水可以排出，但是不会造成土壤流失，随后覆土。

◆ 花园排水

4. 排水管的安排

整地的过程中通常可以做出引导流水的坡度，排水管要按照基地高度进行设计，分别依区域由高向低，在最近的排水孔安排管线。

5. 排水管的种类

排水管指的是可以将积水清理干净的管线，通常户外需要使用 PVC 塑料管。另外，也可以在排水管上打很多洞，这样一条管线就能透水，排水管多用在山坡地上。可是需要避免植物的根系伸进去，故而可以在管线外面包裹无纺布预防，达到阻根和过滤砂质的效果。

6. 排水孔的位置和作用

排水孔的种类分为底层排水孔和表层排水孔。底层排水孔能够接触到渗透下去的水，按照排水的方向可以挖掘窨井，并埋排水管，然后将水分流到公共排水沟中，通常会在窨井上加盖，避免异物阻塞排水管。在排水性不好的土壤中还要埋设打有洞的排水管，这样也可以避免因为排水不及时导致的淹水。

表层排水孔通常用在暴雨的情况下，这种排水管能够加强土壤表面排水的顺畅性。排水孔四周需砌砖挡土，并留孔让水方便流入排水孔。

◆ 花园景观

◆ 花园景观

7. 排水孔的种类

户外的排水孔容易有泥沙、落叶淤积，导致排水孔阻塞。因此，户外的排水孔大多使用高脚盖，就算有叶子淤积，排水性能也不受影响。一些排水孔为了设计美观，会在表面铺上一些卵石过滤大的杂物，或在四周使用塑胶水管进行防护，避免堵塞。

8. 铺设电线

铺设电线的时候需要充分考虑到灯具的位置，到达需要的位置时再往中间拉。铺设的时候还需要留意避开乔木和灌木的预定栽种位置，以免植物根系和电线相互影响。

9. 避免电线外露

电线裸露在外可能导致漏电事故，可以考虑使用包覆效果较好的电缆，并套入抗压性强的塑料管中。电线接头的部分要用防水的胶布裹缠，然后再缠上绝缘胶布，最后装到接线盒中。

10. 注意用电安全

为了用电安全，需要装漏电保护器，这样在漏电的情况下电源会自动切断。要在查找漏电原因并加以排除后，再恢复供电。

◆ 花园

泥作工程

泥作工程涉及多种问题，相当复杂，有很强的专业性。事实上，泥作施工的范围大小随意，大到基地，小到花台，都离不开这一工序。

1. 具体的施工程序

泥作常用到的区域是墙面、走道、基地等。

泥作先要做的工艺是基地打底，其中的工序还包括了开挖、钉模板、绑钢筋、灌水泥等，然后从墙面到走道进行从上而下的施工顺序。泥作工程如果应用在阳台或露台上，通常会用到水泥砖、水泥条等预制件，而不会有上述工序。

◆ 花园

2. 水泥的种类

花园泥作常用的是普通水泥，如果要进行马赛克拼贴或进行地中海风格的设计，就要用到白水泥；如果在水泥当中掺入不同的添加料，就会有功能上的变化，如益胶泥可牢固粘贴瓷砖、地砖、墙砖和石材；如果当地天气多雨，就要使用快干水泥。制作水池的时候用自流平水泥，这种水泥延展性好。

3. 水泥的质量问题

查看水泥的质量要观察以下几个方面。

包装：水泥包装袋的完整度如何，标识是否完整。常见的一些标识信息有工厂名称、生产许可证编号、水泥名称、注册商标、品种、标号、生产年月日和编号。

搓捻水泥：搓捻水泥粉的时候要有细、沙、粉的感觉，这表示水泥细度合格。

水泥色泽：优质的水泥颜色是深灰色或深绿色的，通常颜色偏黄、发白的水泥强度比较低。

生产日期：随着时间的增加，水泥强度会下降。通常超过有效期 30 天的水泥性能有所下降，时间超过 3 个月，水泥的强度会下降到 80%~90%，6 个月后下降到 70%~85%，一年后下降到 60%~75%。

◆ 花园

◆ 花园

4. 绑钢筋和灌水泥作业

绑钢筋和灌水泥属于泥作中的工序，这两种工序常用到建矮墙和垫高平面。施工时，先要观察水泥标号，水泥标号越高意味着强度越大，民用建筑用的水泥硬度通常是 200#、250#、300#，如果需要承重的话，则可以使用标号达到 400# 的水泥。

绑钢筋的时候，需留意钢筋号数及钢筋间距能否满足设计的需求。钢筋常见的间距是 15 厘米，要求钢筋衔接处重叠超过 30 厘米。加工的时候需要检查图纸上具体的技术规格要求。通常来说，平面需要垫高的话，中间需要放置钢筋，钢筋不能放到最底部。

5. 水泥砂浆砌砖

砌砖的时候要使用水泥砂，配制水泥砂的水泥和沙的比例为 1:3。此外，砖块要先浸水，当砖块吸收水分后，才不会吸走水泥需要的水分。在砌砖的过程中，需要使用交叠的砌砖方式，基本的要点就是水平线和垂直线要拉直。

◆ 花园

◆ 花园

6. 水泥的其他功能

水泥除了作为硬件铺面建材之外，还经常被当作添加料使用，转而拥有了黏结的功能，通常用来粘贴较重的材料（如石块、大型装饰板等），另外还经常用于驳嵌的土丘和石块围篱等处。

建筑用的砖块类型包括空心砖、红砖、火头砖、耐火砖和陶砖等。

空心砖主要用于砌围篱、墙，或垫盆植的领域。普通红砖通常用来砌隔墙，砌墙之后还需要粉刷。火头砖的色彩浓重而且很牢固。耐火砖的特点是耐高温、耐磨，通常用在烟囱、烧窑等建筑中，现在的花台、围篱常用到耐火砖。硬度高的陶砖，通常用来铺设地面。

◆ 花园

◆ 木作工程

木作工程

木材材质温和、自然，施工的难度不大，因此木作工程常用到花园设计中。即使植栽数量不多，只要在地上钉个木台，或者是打造一个木格框架，就能够借助这些小物件来营造出休闲花园的闲适氛围。

1. 木作的施工次序

木作施工的程序是从高到低，施工的常见顺序是：遮阳棚一花架一木格栅一木栈板一座椅。

2. 木材的种类

木材的大分类是阔叶树木和针叶树木。阔叶树木的代表树种有铁木、柚木、缅甸红木等，这些树木需要百年时间才可以成材，因此价格非常高。

针叶树木的代表树种有赤松、南方松、侧柏、香杉等。其中侧柏的价值是最高的，赤松价格最低，但是不耐腐，因此就属南方松最常用。南方松生长快速，成材时间只需要10~20年，但耐久性不佳，同样要进行防腐处理。

3. 南方松的防腐材质

防腐的工艺常用药剂使用铬化砷酸铜（CCA）进行配制，不过这种药剂有毒性，不能使用在和皮肤直接接触的户外桌椅、木平台、走廊、栅栏等木制品上。

有一些化学物质，比如季铵铜（ACQ）和铜唑（CuAz）中不含砷、铬，因此非常环保安全，可用于室内及户外木材防腐。另外，还有一种方法是在木材当中用美耐明树脂灌注，以达到让木材塑化的结果，这样木材便有了防腐、防蛀、耐燃等特性。

◆ 花园

4. 木作工程的注意事项

木材有固定的防腐等级，不同防腐等级的木材要用在不同的区域。此外，木材厚度以超过 2.5 厘米为最好，这种木材更稳定；木材平时需要打磨一下表面，以确保木油的保护效果。

施工的时候必须保证木材中间有 0.5mm 的缝隙，这样木材吸水后膨胀不易变形。此外，木材与铁件配合的时候要注意避免使用易生锈的铁件。钉接工具使用螺丝比钉子好，螺丝更灵活。

5. 铺设木栈板

木栈板结构是相对简单的，不过具体的铺设同样需要专业技术，如条木的距离、螺丝的位置、木板具体的长度问题，都需要经过详细测算后才可以确保安全，施工需要由专业人员进行。

如果是打造简便式的木平台，就可以到建材市场上购买防腐南方松木踏板，然后用条木打出框架后将踏板钉在框架上即可。

6. 条木的规格

建筑使用的条木规格常见的包括 3.3 厘米 ×8.3 厘米、3.6 厘米 ×8.6 厘米、3.8 厘米 ×8.8 厘米等，常见的厚度是 3.05 厘米、3.66 厘米、4.0 厘米等。

说到条木的材质，红木条木通常耐用度和韧性比较出色，不过易变形；黄条木耐用度高、不易变形，可是易虫蛀；胶合板条价格比较低而且不容易变形，但韧性、耐用度皆低；松木条木不容易变形，但韧性和耐用度低；杉木条木韧性、耐用度相对出色，而且不易变形，因此得到广泛使用。

◆ 花园

◆ 花园水景

◆ 花园

7. 木作硬件的维护

硬件部分维护完毕后，通常还需要涂抹护木油，这种油虽然没有涂亮光漆的亮面效果，但维护起来较为方便，可以直接涂上，不像亮光漆需要把旧漆层全部磨掉再上漆。

护木油的涂抹以一年一次为佳，涂抹之前要先清理干净木材表面，或用砂纸进行砂光处理，这样才能保证木材完全吸收护木油，达到较好的防护效果。

8. 常见的石材种类

现在市场上多见的石材种类包括花岗岩、观音石、安山岩、埔里石、砂岩、绣石、清斗石、铁平石、文化石、麦饭石、黄木纹、咕咾石等。有一些石料以自然形态出现，另外一些石料经过工艺加工成石块、石板或石片。卵石、琉璃石等体积不大的石材，常被归类为园艺材料。

◆ 花园

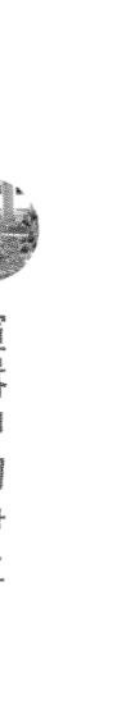

◆ 花园

◆ 花园

9. 石材的形式和运用

不同种类的石材应用方式也是不同的，比方说自然形态的大块石材装饰在植物周围，作为装饰材料或花坛围篱，称为景石。形状奇异的石片常被称为乱石片，这种石料则常用来拼贴、铺面或叠砌花台等。

石片通常厚度小，主要作为壁面的素材；石板的厚度如果比较厚，就常用到铺面素材中，用在花园走道建造材料中。此外，卵石的外观多样，因此也常使用在铺面素材当中。其他还有石桌、石椅、石灯、石制雕塑，也都是景观配制的常见配件。

◆ 花园

10. 固定石材

户外固定石材常用石材专用黏结剂。如果使用石材砌花槽或花坛，石块固定之后，常用水泥砂来填勾缝。填勾缝后清洗的难度不大，水泥不同的颜色还会让花槽或花坛变得更漂亮。

11. 石材来源

建筑的石材有许多种，挑选时需要对比不同类型的石材，然后再遴选出最符合庭院风格的。旧花园里的很多石材如果能够继续利用，那便营造出一种难得的岁月沧桑感，这种石材也是可以大量利用的。

12. 景石的摆放注意事项

景石摆放先考虑的是牢固性，切忌出现摇摇欲坠、随时可能倒下的那种情况。因此，景石最好能部分埋入地下，将石头的三分之一埋入地下就可以了。

景石常用的放置方式是三块一组，通常要使用同色系或同种类但是形状不一的景石，这能让景观看起来既协调又富于变化。

13. 维护石材外观

如果把石材放置到户外，风、雨对石材的侵袭是最直接的，表面较粗糙的风化石、砂岩、麦饭石、经过加工的白卵石和那些经过灼烧处理的石材都是如此，这些石材因为吸收了色素和杂质导致表面“变脏”。如果想要石材变得一如初始，可以涂上泼水剂进行保护，不过外观会变得不太自然。石材的选择可以用较不容易脏的青斗石和花岗岩。

许多景观设计师认为石材本身具有灵性，如果随着时光流逝，石材自然改变外观，也是一种美。

◆ 花园

◆ 花园

◆ 花园

铺面工程

铺面工程难度并不大，不过在景观设计中仍旧很重要。铺面工艺会直接展现在视觉中，如能善用各种材质构思变化，整体的感觉就是非常丰富多元的。

1. 何谓铺面

铺面指的是景观中的硬质地面。花园本身的基地可能是裸露土壤的露地，或者是铺上了水泥或瓷砖等的人工地盘，在视觉上缺乏美感，故而设计时必须考虑铺面的问题。

铺面使用的材料包括原木、合成木、卵石、石板、石子、陶砖、瓷砖等。不同的材料混合搭配则效果更佳。

2. 铺面的材质

铺面的材质需要和整体设计风格搭配起来，同时还需要注意实用性和使用习惯。

比方说走道铺上粗糙的烧面砖能够避免不慎滑倒。对于容易脏的地方，则可以使用瓷砖，避免使用石材，以方便清洗。想要光脚踏入花园，利用木料是最好的，木料让人更易亲近。

3. 铺面具体的施工细节

在裸露的土地上用石材铺面，先要考虑的是铺面的用途，是停车场、步道，还是活动平台等，再考虑是否需要水泥做硬底，然后铺上石材。施工过程中还需要设定好高程，贴上饰条，之后就可以大面积铺面。

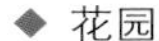

◆ 花园

◆ 花园

4. 草皮铺面的注意事项

想要铺设草皮，先要平整基地，然后需要调整好泄水坡度。铺草皮要注意交错摆放，这样可以尽量减少浇水时水流冲刷的问题。铺设完成后浇水，然后再利用圆锹或木板对草坪进行压实。刚铺好的那一周，要避免踩踏，以利草皮长根。

养草皮是一个需要注意的问题，大部分草皮的生长环境都需要通风透气、排水良好，哪怕草本身是耐阴品种，也要有半日照以上的光线。浇水约每日 1 次，光照强烈时不能浇水，如果天气比较凉爽则一周 1~2 次，最初种植时早、晚各浇水两次。春、秋两季还可以施用氮肥为主的肥料，以促进其生长旺盛，用量则可以按照包装上的说明进行，避免用量过大而导致草变枯黄。草皮高度要保证在 5~8 厘米，草长得太高就需要修剪，夏天可以修剪到 2~3 厘米，冬季的时候则需要修剪到 4~5 厘米。小面积修剪可使用除草剪，大面积修剪就要用除草机了。

我们平时多见的草皮包括假俭草、百慕达草等，这些草具有耐热、耐旱、生长速度慢、低维护的特点，同时需要足够的阳光照射。花园位置的日晒如果不足，可以种植耐阴的玉龙草、地毯草、类地毯草、翡翠草、奥古斯丁草等。

草皮常见的问题还有枯黄，导致枯黄的因素包括水分、日照不足。如果刚刚种植的草皮，没几天就枯黄，通常是因为水分不够，这个时候勤浇水同时规避日照强烈的时段就可以挽救。排除水分和日照的原因，则有可能是草皮修剪得太短，或养分吸收不均。每种草的恢复期不同，很多情况下不能迅速重现绿油油的状态。如果草皮确实不能挽救，就需要重铺草皮或播种。

草地上经常会有杂草生出，不但影响美观，而且还会影响原草皮生长。因此出现杂草时，需要人工将杂草连根拔起，这样是最好的。如果杂草数量巨大则可以适度修剪草皮，还可以把杂草的叶片剪短，使其无法进行光合作用而继续生长。另外还可以使用除草剂，但要小心，别污染环境。

◆ 花园

◆ 花园

◆ 花园

草皮光秃的情况很常见，这主要是由过度踩踏、病虫害、排水不良所导致的。草皮每年维护的时候可添加细沙土，若坑洞的范围比较大，影响美观，则需要重植，即将该处土壤翻松后，取草皮的茎重新栽植，或者重新播种，最直接有效的处理办法是用新草皮覆盖种植。补草后要勤加浇水和修剪，修补的时间内草坪严禁踩踏，可以设置栅栏和鲜明标志防止踩踏。

水泥地上也可以铺草坪，通常草的根系不甚发达，故而在水泥地上铺土就可铺草皮。水泥地在经过日晒后温度剧增，如果土层厚度不够，草皮便容易干枯，故而土层厚度需要超过 30 厘米。再在水泥地上铺上排水板，然后用无纺布覆盖便可以铺草皮了。市场上有拼贴草皮垫出售，这种方形的器具中能够覆土种草皮，而且可以灵活拆装。

◆ 花园

◆ 花园

5. 铺面和植栽的间距

花园整体想要设计得自然和谐，那么用植栽和草皮直接衔接步道，可以更好地体现设计的意图。使用隔板可以将影响植物生长的草皮分隔开来。

6. 检查铺面的施工质量

铺面质量的一个判断标准是牢固程度，试试看踩在上面会不会有摇晃的感觉，铺面是否有凹陷，凹陷的区域不仅影响美观，也会影响行走的安全。此外就需要关注铺面平整程度如何，在洒水后会不会出现积水的情况，积水的区域肯定相对低洼，应及时填补。

植栽工程

硬件主题的工程制作完毕后，就需要开始植物的种植工作了。植物的选择除了依据个人喜好，还需要契合花园环境、种植的位置和周边的景物搭配，尽量避免因为选择不合理的植物而导致的问题。

1. 具体的栽种顺序

最先需要做的是规划植物栽种的位置和配置。具体的种植排序主要参考植栽的体积，基本的顺序是从大到小，常见的顺序是乔木—灌木—草本植物—地被、草皮。

2. 具体的搭配原则

基本的原则是适合种植，满足基本条件才可以选择植物。配置时，要注意植物的日照需求、耐旱度、需水量能否合理协调。

植物的视觉搭配原则是常绿植物、落叶植物和开花植物合理配置，开花植物的花朵颜色在视觉上要和谐，保证庭院四季的自然变化。

◆ 花园

◆ 花园

◆ 花园

3. 栽种的密度

栽种密度的设计，需要综合考虑不同植物的生长特点，如果植物的生长速度够快，那么间距就要够大；若是想有茂盛的感觉，间距便可以调整得小一些。

植物栽种在花坛中，株高如果不超过20厘米，株距可以保持在15~25厘米；株高如果在30厘米上下，株距可以在25~30厘米；株高如果在40厘米以下，株距可以在35~60厘米。植栽可以按照三角形位置进行设计，让距离均匀。

4. 材料和植栽的选购

花市上可以买到盆器、植栽、培养土等材料。

挑选植栽的时候应侧重选择本地生长的品种，这种植物购买回来栽种后，基本不会出现不适应的问题，而且生长快，也便于管理。

花园的植物选择，不应该只主观地想到美丑，花园的艺术要求是健康茂密。因此，当拥有自己的庭院时，选择植物的第一条原则并不是个人喜好，先要知道的是当地气候、土质和日照条件，弄清楚选择的植物是否可以正常生长。种植植物的同时要了解花园四周的背景环境，如果旁边都是山景，远远的树看起来都是细碎的小叶，花园便更适合种植大量的树，比方说茄苳树、面包树等装饰性的树种。

◆ 花园

◆ 花园

5. 盆栽搭配的问题

花园种植盆栽的前提是盆器的材质能够和整体的设计风格、植物风格协调搭配起来。盆器的颜色可以是一个色系，但是材质可以选择别的种类，或为同材质但不同色系的搭配，这种艺术效果是和谐而带有变化的。以不等边三角形的形式配置盆栽，会更为美观。

6. 多年生和一年生草花合理搭配

大部分的草花是一年生植物，生长期为若干个月，一年需要多次换草花，因此要种在容易更换的位置。具体设计的时候可以把多年生植物设计为中心部分，草花作为陪衬的部分，不但要关注颜色搭配，而且要将不同颜色的草花按照区域和图案进行搭配，让人的视觉感受变得更加舒服。

7. 种树注意事项

首先要在地面上挖出直径是树的土球直径一倍半的植穴，深度要依照土球的高度而定。挖掘出来的土可以回填一半，把树苗放进去，土球和土的平面基本持平。种植的树种需要有不错的透水性能，土球要高于土面；保水性强的树种的土球则要低于土面。

其次需要对树的具体位置进行调整，当把八分土覆盖完毕后，边浇水边用棍棒把土捣实，保证土和土球的紧密结合，最后把余下的土填回去，土球不能露出。

对于排水性能不佳的黏质土壤，则可以在树的根部埋藏约一米长的透气管，从而改良导水和排水性能，设计完毕后在管内灌水，以保证树木存活。种植的时候要利用支架对树木加固一下，以防风力过大导致根系不稳，影响树木生长。

8. 选择合适的绿篱植物

绿篱设计选择的植物应该是分叉多而且枝叶繁茂的，利于修剪成形的植物，常见的种类有树兰、仙丹、桂花、朱槿等。

植物有相应的特性，比如是否散发香味、开放的花朵是何种颜色等，需进一步筛选。按照高度可以选择绿篱植物，设计 60 厘米左右的绿篱常用的植物有七里香、金露花、女贞、春不老、胡椒木、杜鹃等；高度超过 150 厘米常用的植物有罗汉松、垂榕、竹子、竹柏、龙柏等。上面所述的植物都比较好打理。

◆ 花园美景

◆ 花园植物

9. 花坛中适合种植的植物

花坛中选择的植物颜色通常是鲜艳抢眼的，最好的选择就是草花。

草花的生长周期并不长，草花的替换次数相对较多，想要降低草花的替换频率，可以选择花期长且易管理的草花，如繁星花、马齿牡丹、一串红、醉蝶花、香雪球、夏堇、土丁桂、长春花、鸡冠花、彩叶草、石竹、银叶菊、非洲凤仙花、黄帝菊等。

10. 常用的铺地植物

铺地植物需要具备的特点是：耐修剪、生命力顽强、植株不高或具匍匐性，如台北草、越橘叶蔓榕、蔓花生、玉龙草、南美蟛蜞菊、翠玲珑、细叶雪茄花、薜荔、蔓榕等。

◆ 花坛

◆ 花园绿地

喷灌、照明工程

植物配置完成之后，花园的大概面貌便完成了，其余的部分就是自动浇水和照明的问题，这一步并不是必须的，通常按照主人的喜好在最后设计。

1. 自动浇水系统

通常来说，如果植物开始稳定生长，而且根部深扎入土之后，便不再需要自动浇水。可是所处的区域如果高温少雨，或是主人常常出门不在家无法浇水，那就有必要来设计自动浇水系统。

如果花园的面积不大，可以设计出连接水龙头的自动浇水器，按照具体的要求定时、定量浇水。如果花园的面积比较大，则需要设计高压喷头的自动浇水系统。

◆ 花园

2. 浇水系统的注意事项

浇灌用的水必须清澈，以防喷头堵塞，影响水泵的运转。同时，供水的水压必须够高，喷头越多或是引线越远，需要水压则越大。

可以安装雨水传感器，防止下雨天继续浇灌的情况。还要注意实际浇水的均匀度，检查浇水范围有没有覆盖植物范围，对于浇灌的死角，就要调整喷头位置或以人工浇水。

3. 照明灯的种类和功能

花园中常见的照明灯包括主要供地面照明的落地灯、具引路功能的矮灯，主要照射主题树木的投射灯、建筑物当中嵌入的嵌灯、烘托整体气氛的壁灯等，灯不但有照明功能，而且可以给夜晚花园制造出相当美丽的感觉，这种美感是很独特的。

灯光对植物有一定的影响，通常光线照射植物不会影响植物生长，但可能直接影响到植株开花。

◆ 花园

◆ 花园植物

◆ 花园

4. 太阳能照明

太阳能照明灯主要的能源是太阳光，利用太阳能直接给电池供电，晚间以蓄电池作为电源为节能灯提供能源，使照明灯可以正常工作。市场上现有的功率较小的太阳能庭院灯、草坪灯就是不错的选择，特别是配套发光二极管灯泡的草坪灯很别致，太阳能电池板所占空间不大，故而不会对景物造成负面影响。

5. 照明工程的注意事项

户外的灯具经常遭受风雨侵袭，故而需要有非常出众的防风和防水性能，电线接头的处理也要更出色，以免漏电。需要关注的是电力负荷不能过大，若常跳闸的话，说明用电负荷太大，应妥善解决。

水池工程

水是生命之源，在园林设计中，水也是精髓的部分，如果花园中有流动的水，那就可以让花园富有生机。无论是小型的水流还是规模更大的喷泉，或是精心设计的生态水池，都能让花园的变化更多样，活跃整体的景观气氛。

◆ 花园水景

◆ 简易水池

1. 生态水池的施工

过去的生态水池指的是在设计、施工的过程中，并不用水泥或砖头完全封闭水池的底部或打造池壁。现在意义上的生态水池指的是合理地渗透到池边土壤，让周边的生物共享水资源的水池。

2. 自制简易水池

在花园空间并不宽敞的情况下，如果想要设计带水的小景观，那就可以建造简单的水池。可以用空心砖、木料或其他喜爱的材料叠砌水池，在水池中可以铺防水布，然后把水倒入其中，栽种植物；也可以直接选择陶缸或不锈钢水槽，利用植物或石头对外表进行装饰。

3. 水池栽种植物的注意事项

水生植物的种类包括植株整体漂浮的漂浮型植物，还有其他类型的像沉水型、浮叶型、挺水型、湿生型等固定到土层中的植物。除了沉水型植物之外，多种水生植物都有独特的美感。

浮叶型的植物根部不需要固定在土层中。通常小水池或水缸中能够种植大萍（水芙蓉）、布袋莲、槐叶萍、满江红、水鳖、浮萍等漂浮型水生植物。大多漂浮植物的繁殖速度都是异常迅速的，故而经常堵塞河道、水沟，丢弃的时候注意不能丢弃到户外水域。

栽植水池中生长的植物最需要避免的问题就是生长过于迅速，这会直接导致水质变差。除了要清除枯叶之外，藻类的清理是相当关键的，藻类和水草都可能直接影响水生植物的生活和水泵的正常运转。而根系较长的植物，比如水芙蓉，就极容易缠绕水中的鱼类，要定期修剪根部。

水池中如果想养鱼，最理想的选择是小型鱼，大型鱼可能会破坏水生植物。此外，在水池底部的土壤中放石头可以最大限度地避免鱼扰动泥土而导致水质变浑。

想要设计出自然界中那种流动的活水，就需要合理利用地势制造出流水效果，可以有急流，也可以有平潭。急流相对而言冲击力更大，故而可以增加水中含氧量。在空间条件合理的情况下，可以在高处和低处各设计一座水池，用水泵把低处的水抽到高处，水就可以不断循环。

◆ 水池中的植物

4. 净水池

想要保证水的清澈和洁净，最优的选择是净水池。

有一些水生植物可以吸收和分解污染物，故而我们可以在净水池当中种上这些具有净化水功能的植物（主要包括聚藻、空心菜、水蕴草、竹叶菜、布袋莲、大萍、长苞香蒲、香蒲、单叶咸草、荸荠、芦苇等）。

◆ 小池塘

◆ 水池

花园的后续管理

花园施工完毕后还需要进行其他维护工作，维护的内容包括浇水、施肥、病虫害处理和修剪等。

亲自进行的工作有以下几种：杂草必须拔除；观察植物叶子的状况如何，有些害虫会藏在叶子的背部，因此需要清理干净；在浇灌植物时，能捎带清除部分小害虫。另外，要定期清理排水孔，以免堵塞而影响排水。

草皮的养护难度较大，故而最好请专业人士进行修理。

注意事项

花园设计完成之后，刚移植的植物根系还没有扎稳，长势比较弱的情况下就需要特别留意缺水状况，需勤浇水，且不能马上施肥，因为肥分很可能会直接伤害植物孱弱的根，通常要等一个月才可以施肥。

草皮刚刚压实后短时间内要尽量避免踩踏，从而保证植物的生长。移植的大树，固定的时间需要一年左右，大树的根旁要留有土穴，以保证水流可以进入根部。

植物修剪

修剪植物的工作通常要等花季过去再开始，修剪后就可以施加肥料了。最不适合修剪的时间是梅雨季节和植物开花之前的时间。梅雨季节修剪植物可能导致菌类大量繁殖，开花前修剪植物会直接影响到下季的开花。

◆ 花园

◆ 植物修剪

垂直花园的设计

绿墙

绿墙就是把墙面设计成花园，常见而且普遍的方法就是种植悬垂和攀缘植物，如薜荔、爬墙虎、紫藤、使君子等，这些植物可以很自然地攀附于墙面上，当其茂盛生长后就可以给建筑物降温，主要应用于西晒的墙面。

◆ 绿墙

建筑物外墙上常种植盆栽植物美化墙面。植生墙是指将植物一盆盆种在立体花架上，通过组合不同色彩的植物，制造出完全不同的美学效果，总体来说是灵活多样的。植生墙主要使用的植物是草本植物和小型灌木。设计出这种植生墙要配置一整套的给水、排水系统。

攀缘植物不但可以依靠支撑物的支持而向上生长，同样可以做成悬垂植物。把一些攀缘植物，像常春藤、蔷薇、铁线莲或紫藤等，用悬吊的方式种植，那这些植物就成了悬垂的植物。

◆ 铁线莲

不同的攀缘植物，向上攀爬的方式各不相同。

蔓生植物生长的时候会生出匍匐茎，这种藤蔓无法抓住支撑物，因此只能选择固定到支撑物上，这样能够给植物一种引导。蔷薇科植物和迎春花会依靠植物的茎来生长。

爬蔓植物（如紫藤、忍冬等）的藤蔓可以缠着支撑物生长。生长的方向有顺时针方向和逆时针方向。比方说日本紫藤按顺时针方向盘绕支撑物，中国紫藤则是按逆时针盘绕。旋花科植物的缠绕方向通常是逆时针方向，别的品种缠绕的方向都不确定。

蔷薇科植物、三角梅植物上生长有刺或钩，可以抓住周围的植物，但是无法固定于光滑的支撑物上。

常春藤或攀缘绣球花本身生长有攀缘茎，故而可以将茎干稳稳地固定在墙面或树干上。

植物卷须属于叶柄或叶片发育后的变形构造，这种构造能够相对稳固地盘绕于其他植物和支撑物上。日本爬山虎长有卷须式吸盘，能勾住墙壁和檐槽攀爬，但是不会损伤支撑体。

◆ 垂直花园

绿墙的植物固定

植物固定是塑造垂直花园中的景观不可缺少的方式，常用的固定方式是捆扎。捆扎的植物通常外观都相对质朴，捆扎所用的材料可以是旧床单或抹布剪成的长条带子，长度要满足打结需要。我们需要把布条钉到墙壁的抹灰层当中，才能确保固定的效果。如果不喜欢布条，还可以使用酒椰叶纤维、细绳等进行固定。

自然界中主要的蔓生植物通常会依附于不同种类的支撑物上，如果旁边没有支撑物，它们就会贴着地面生长。野生忍冬、常春藤和树莓经常可以依靠身边的植物和老树的树干继续生长，从而给花园添加一些绿意。最好给花园里的每种攀缘植物提供合适的支撑物，人工的支撑物包括木制品、铁制品；也可按照自己的构想，利用其他植物作为支撑物，打造别致的垂直花园。

◆ 绿墙

植物的支撑物需要同时具备实用性与装饰性。园艺最初出现的时候，就有利用格子架或栅栏、修建亭台或立柱、设置粗绳或链条等物体为植物制作支撑物的案例。欧洲中世纪的园丁们就学会了搭建支撑物的方式，使用的支撑物包括榛树、栗树、柳树等。意大利园林中常见的葡萄架或藤蔓花棚使用的材料是锻铁，在这些支撑物中生长着大量葡萄的场景相当壮观。法式花园最著名的装饰是黄杨，园林当中精工制作的格架和栅栏都可以直接地显示出高级园艺师的装饰理念和才干。葡萄廊架使用的制作材料多是硬木（主要是橡木）做成的，具体的构造中还有拱形木和横木。到了现在，常用的廊架材质主要是松木和树脂，这些在销售装饰设备材料的柜台或园艺商店中都能找到。

设置支撑物时，连接不同种类的事物就需要打结，这个结必须打好，足够耐用，而且不能太明显。这个结既要打得足够紧，起到固定的作用，也要留有一定的空隙，因为太紧的话肯定会损伤植物。打结的材料可以是粗绳、细绳和线，打结的绳子最好是天然材料（如棉、麻）的。

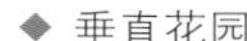

◆ 垂直花园

◆ 屋顶花园

屋顶花园的设计

绿屋顶

绿屋顶广泛的含义是指对屋顶进行绿化以最终保证屋顶有隔热降温、净化空气效果的一种花园形式。绿屋顶的主要类型分为覆土式的空中花园、盆栽式的屋顶花园和薄层式绿屋顶。

◆ 空中花园

覆土式的空中花园、盆栽式的屋顶花园的设计和施工难度都比较大，薄层式绿屋顶的设计和施工则相对简便，主要是使用秧苗盘种植耐旱、耐热的景天科、马齿苋科、鸭跖草科、百合科等植物，植物并排种植到排水层和过滤层上。

想要对屋顶进行绿化，设计屋顶花园，首先要考虑的问题就是屋顶的承重和防水。防水的问题要涉及防水和渗水两个方面。防水的主要目的是保护建筑本身。

◆ 空中花园

屋顶的植物种植

种植植物前需要综合考虑房屋本身有无反梁结构，如果有就必须加厚屋顶的覆土，这样才利于种植大型乔木，也能增加植栽的存活率。对于相对较高的建筑结构，就必须选择在主梁结构的旁边栽种大型乔木，因为主梁的承重能力相对出色。屋顶会受到强风的影响，大乔木要避免种植在女儿墙附近，防止风力太大危害植株安全。

如果屋顶面积足够大，照明设备的安排也是要关注的问题。总体的原则是“景为主，灯为辅”，一般采用间接照明的方式，如使用投射灯光照射，提升夜晚花园的亮度。这种方式还相对安全。另外，如果将灯具设置到花园的水池中也需注意，应在水池周边或池底设置灯具，避免发生危险。覆土之前进行照明系统的施工，先配置好灯具的管线，做完了覆土和种植工程后，再安装灯具。

◆ 盆栽树木

◆ 屋顶花园

通常情况下，屋顶风力比较大，植物的高度因此受到了限制。相对而言，灌木及草花的高度都一般，栽植后基本不会超过女儿墙太多，受风的影响相对小些。而较高的乔木最适合的高度是 3.5~4.5 米，选择的树种还要求抗风、耐旱。

屋顶花园不仅可以调节室内温度，还可以绿化屋顶，好处很多，施工难度也不大。具体施工中，可以预先在屋顶做好防水及排水措施，覆盖 5~10 厘米厚的轻质土，选出在当地适宜生长而且耐贫瘠的植物和多肉的植物，如落地生根、洋吊钟、翠玲珑等，在合理种植后就可以得到美丽的屋顶花园了。

◆ 屋顶花园植物

家庭花园的植物

家庭花园是休息放松的场所，因此当提起家庭花园的时候，总要面对一个问题：选择怎样的植物。选址的不同会让环境发生改变，从而导致植物种类选择的改变。下面就来介绍这方面的内容。

◆ 观叶植物

观叶植物

室内植物的种类很多，而优质的室内植物，主要的类型是观叶植物。在种类繁多的观叶植物中，因为叶形、叶色美丽而拥有欣赏价值的植物被称为观叶植物。许多观叶植物都能够开花，可是叶片的观赏价值超过了花朵。观叶植物的原产地主要是中南美洲、太平洋群岛、东南亚、赤道非洲等温暖地区，观叶植物最初生长的区域是温暖湿润的森林底层，因喜好温暖、潮湿及荫蔽、缺少日光照射的环境，故而相当适合放置在室内栽种。

观叶植物喜欢潮湿环境，不太需要光照。它们不仅成了优质的室内植物，某些类型也被放到了户外栽培。观叶植物共同的特点是耐阴、观赏期长、养护方便，这些特性也让人们在公共环境中选择植物绿化时，常用到这些植物。一些研究显示，观叶植物有调节环境的功能。

在炎热的夏季，观叶植物大多会旺盛生长，夏季花卉较少，也不像秋天那样果实累累，而繁盛的叶片就是夏季的最主要特征。观叶植物有许多形态的叶子，比如长、圆、钝、尖、厚、薄等，植物的叶片常因为四季更迭而产生变化，呈现出许多颜色，如红色、黄色、白色、紫色，可以说是五彩缤纷；其特殊叶斑也是观赏的重点，非常美丽，就连最常见的绿色，都可以区分成深浓、浅翠。

◆ 多裂棕竹

◆ 观音莲

样式

选购观叶植物的时候要考虑大小、形状，然后要结合居家环境中具体的设计风格和类型，才能应用得宜。观叶植物的形态类型主要分为直立树型、类草型、灌木型、伪棕榈型、攀缘蔓生型、丛生型等。

直立树型

这种植物有直挺的茎干，是一种植株相对较高的观叶植物，可与四周灌木、蔓生型、丛生类植物调和。

◆ 梭罗

◆ 灌木植物

◆ 椒草

类草型

这些植物大多有窄而长的叶片，外观粗看像草，如沿阶草等；有些叶片相对宽一些，如吊兰等。因其能营造野趣而较受市场欢迎。

灌木型

这种植物的植株比较圆，拥有数个地上茎，基本不会长太高或者在两边肆意生长开来，有些种类需要经过多个修剪步骤以维持植株美观。

◆ 棕榈植物

伪棕榈型

这种植物在幼年期，茎干包覆在叶基中，成熟后的植株叶片主要生长在茎干的顶端，有很强烈的热带风情。

攀缘蔓生型

这种植物具有蔓性且耐阴的特性，会向下悬垂、水平匍匐生长或向上攀爬，如果有支撑物，还可以做成完全不一样的形态。

丛生型

叶片非常繁茂，而且呈现出密集排列的特点，围绕着植株生长点生长，植物本身感觉相当圆润，多为低矮的中小型种类。

◆ 攀缘植物

◆ 观叶植物

◆ 虎尾兰

环境

植物的形态和环境因素是密切相关的，植物要做到适地适种，否则就不能呈现出植物的美感。室内观叶植物的生长环境，最需要关注的问题就是日照的情况和通风透气的情况，当了解了植物适合的生长环境后，才可以合理挑选和栽种植物。

阴暗场所

远离窗户而有一定的光线，这种区域适合种植耐阴性强的植物，这种植物可以固定放置 2 个月左右，不必移动使其接受日光照射。

适宜栽种的常见植物有虎尾兰、一叶兰、粗肋草、网纹草、冷水花等。

半阴暗场所

指没有阳光直射的窗户边，或是靠近窗口但无日光照射的地方。

适宜栽种的常见植物有薜荔、蕨类、袖珍椰子、香龙血树、常春藤、竹芋等。

明亮却无直射光场所

指周围有日光照射和没有日光直射的窗边。

适宜栽种的常见植物有水晶花烛、椒草、蔓绿绒、孔雀木、黛粉叶、小凤梨等。

部分时间日光直射场所

常见的位置是东向或西向，这些区域通常光照强烈，经常也需要稍作遮阴。

适宜栽种的常见植物有变叶木、吊兰、球兰、虎尾兰、朱蕉、吊竹草等。

日光充足的场所

常见的位置是南向，这种环境通常需要防止因为日光直射而造成叶烧。

适宜栽种的常见植物有彩叶草、酢浆草与大多数草花、多肉植物。

◆ 常春藤

◆ 椒草

◆ 吊兰

◆ 多裂棕竹

◆ 多裂棕竹

◆ 多裂棕竹

种类

多裂棕竹

多裂棕竹还被称为金山棕竹、多裂小棕竹等，属于棕榈科棕竹属常绿丛生灌木，原产地是我国的东南部。

植物的特点：丛生的茎干，植株高度在1~3米。叶扇形，长18~25厘米，外形为手掌形状，叶片为狭长形，边缘有小齿，两侧及中间一片最宽，宽度在1.5~2.2厘米，叶柄边缘相对锋利，常见茂密的黄色茸毛。花期为3~4月。

生长习性和栽培重点：环境的特点要求是温暖、潮湿、半阴、通风，植物本身有耐旱、畏烈日的特点，最适合生长的温度是25~30℃，冬季的晚间气温不能低于5℃。夏、秋季不能承受阳光直射。栽种的土壤是微酸性沙壤土，要求肥沃而且排水良好。在旺盛生长期（5~9月）需要日常勤浇水，但不能积水，避免烂根。高温的环境中可以在叶片和地面上喷水，从而增加湿度和温度，秋、冬季节浇水量减少。

多裂棕竹常用播种和分株的方式繁殖。适合摆放在东、南向阳台和室内。

苏铁

苏铁还被称为铁树、凤尾蕉、凤尾松、避火蕉等，属苏铁科苏铁属常绿木本植物，原产地位于中国南部及日本、印度等地。

形态特征：苏铁的茎干强壮笔直。叶丛生茎端，主干的顶部丛生着羽状的复叶，叶片为长条状，深绿色而且有光泽。花朵雌雄异株，主要生长在茎顶，黄色。雄花的形状为圆柱形，雌花的形状为扁球状，花体上有密集的褐色茸毛。

苏铁喜欢温暖潮湿的环境，能够抵御寒冷；喜阳，但半耐阴。长江以南地区，苏铁可以在阳台越冬；北方阳台多用盆器种植苏铁，需要在室内过冬。适合种植苏铁的土壤是微酸性的沙壤土，要求土壤疏松、肥沃，而且排水状况良好，栽培时可在盆土当中埋入一部分锈铁屑。盆栽一定要避免积水，上盆时应特别注意做好盆底排水层，防止积水导致根部腐烂。

苏铁主要的繁殖方式是播种和扦插。扦插繁殖时，切下茎基部和干部部分栽种在沙中，生根后再移栽。

◆ 苏铁

◆ 苏铁

◆ 苏铁

◆ 富贵竹

富贵竹

富贵竹还被称为仙达龙血树、万年竹、绿叶龙血树等，这种植物属于龙舌兰科龙血树属常绿小乔木，原产地是非洲西部的喀麦隆，现在广泛地种植在我国的华南地区。

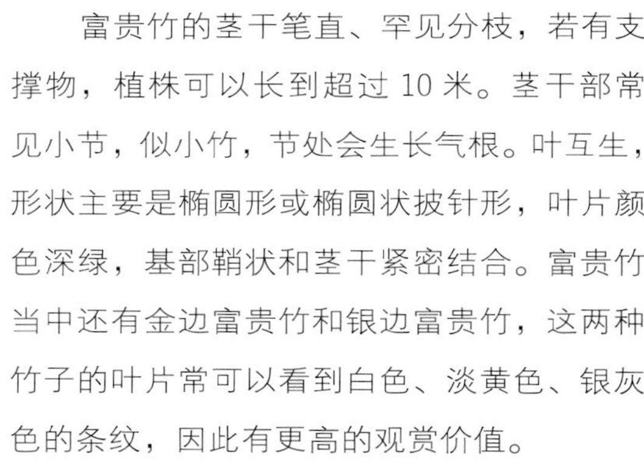

富贵竹的茎干笔直、罕见分枝，若有支撑物，植株可以长到超过 10 米。茎干部常见小节，似小竹，节处会生长气根。叶互生，形状主要是椭圆形或椭圆状披针形，叶片颜色深绿，基部鞘状和茎干紧密结合。富贵竹当中还有金边富贵竹和银边富贵竹，这两种竹子的叶片常可以看到白色、淡黄色、银灰色的条纹，因此有更高的观赏价值。

◆ 富贵竹

◆ 富贵竹

富贵竹对生长的温度要求较高，环境以潮湿为佳，最适合的生长温度在 20~28℃，冬季应保持 5℃以上。对土壤的要求不算苛刻，土壤中含有机质、排水性能出色、酸碱性为微酸是最佳的。喜土壤湿润，耐涝，空气干燥时要进行喷水。

凤尾竹

凤尾竹还被称为观音竹、米竹、筋头竹、蓬莱竹等，属于禾本科竹亚科凤尾竹。凤尾竹是常绿丛生灌木，主要产于我国的华南地区。

凤尾竹的茎干呈现为丛生状，茎干比较矮小，呈现为空心状，通常茎干高度是1~3米，径粗0.5~1.0厘米；有许多下垂的小枝，每小枝上面有9~13片叶子。叶片小型，线状披针形。

凤尾竹喜温暖、湿润和半阴，畏寒，冬季温度要求在0℃以上。平时不可以接受阳光暴晒，怕渍水，比较适合种植在肥沃、疏松和排水性能出色的土壤中。盆栽时，两三年时间换一次盆，换盆的时间可以在2~3月。换盆时宜将老竹取出，把宿土清理干净，然后把细小的地下茎和老竹放入，添加肥土。生长的时候要保证土壤潮湿，放半阴处养护，平时还需要给叶面喷水。通常每个月都需要施肥。在北方宜盆栽，冬季需要搬到室内的向阳区域。

凤尾竹可以用分株、播种和扦插的方式进行种植。最适合放的位置是东、南、西向阳台。

◆ 凤尾竹

◆ 凤尾竹

◆ 凤尾竹

观赏凤梨

最近几年，观赏凤梨变得相当流行，这种植物原产地是南美，本科许多属的众多种类和品种都有不错的观赏价值。现在市场上常见的观赏凤梨主要是园艺杂交的品种。

观赏凤梨的茎干较短。叶的形状是莲座状，形态为丛生，植物的基部形状为筒形，肉质坚实硬挺，形态非常美观，茎干部分有短刺状锯齿。叶片有许多颜色，比如红色、黄色、绿色、粉红色、褐色、紫色等，很多种类的茎干上还有颜色相间分布的纵向条纹和纵向斑带。花梗主要从叶片中抽出，为头状、穗状或圆锥花序。苞片有多种颜色，其中果子蔓属、光萼荷属、莺歌凤梨、铁兰属等均具有极高的观赏价值。

观赏凤梨生长的适宜环境特点包括：温暖、湿润、有较强的散射光，适宜的生长温度为 20~27℃，冬季温度为 10~15℃。另外光照条件要求较高，夏、秋季节中午日照充足，需遮阴。种植的土壤要求是肥沃、疏松、排水性好，培养土的组成部分是腐殖土、碎树皮、木屑、蛭石、珍珠岩等。夏季浇水要求更充足，晴天的时候每天最少浇水 2 次，还要求叶杯中带有清水，通常来说要向叶面喷水和向叶筒内灌水，空气湿度应保持在 60% 以上。植物在生长期内，每周需要施用薄肥 1 次，每年补充 2~3 次磷、钾肥，冬季时要停止施肥。

观赏凤梨的繁殖方式是幼芽扦插、分株。适合摆放的位置是东、南向阳台和室内。

◆ 观赏凤梨

◆ 观赏凤梨

◆ 观赏凤梨

◆ 猪笼草

猪笼草

猪笼草还被称为猪仔笼、食虫草、公仔瓶、水罐植物等，这种植物属于多年生草本或半木质化藤本，原产地是东半球热带地区的东南亚、澳大利亚、非洲马达加斯加等区域，我国有一种分布。现在市场上多见的为杂交种。

猪笼草的叶片互生，外观为椭圆形的全缘，包括三个部分，前面是一片扁平的叶片，叶片中还有红色的绳状卷须伸出，卷须就是猪笼草主要的攀缘器。卷须可以攀附在其他物体上，其延伸中脉的末端变成一只“罐”状的叶笼。叶笼的边缘部分比较厚重，上有小盖，生长的时候会张开而且不再闭合。叶笼绿色、红色，叶子上常可以看到斑纹，观赏价值高。叶笼的笼壁相对光滑，笼口上有蜜腺，其分泌物可以捕食昆虫。猪笼草雌雄异株，叶腋部分有花抽出，通常是红色和紫红色的小花。

◆ 猪笼草

猪笼草理想的生长环境是温暖、湿润、半阴和通风的。猪笼草畏寒，不能受强光照射，不能放在干燥的环境中，生长适温为25~30℃，冬季的温度需要保证在16℃以上。夏季光照严重时需要遮阴，冬季在室内栽培时要放置到窗前，同时有强光照射。栽培土壤的要求是疏松、肥沃、透气性能出众。盆栽的时候常用泥炭土、水苔、木炭和冷杉树皮屑混合做成培养土。猪笼草的叶笼组织在高湿条件下才能够发育完成，因此生长期需经常喷水，以保持周围的高湿环境。

猪笼草的繁殖方式有扦插、压条、播种等。适合放在东、南向阳台的位置悬挂种植。

◆ 猪笼草

椒草

椒草属于胡椒科的椒草属，需要种植在半日照的环境中，日常浇水要求土干浇透。

椒草的外形小巧别致，生长速度很慢，经常有密集生长的情况，原产地是美洲热带雨林中的树干表皮与青苔地上。椒草在适应各种不同环境的前提下，逐渐演变出了不同的外观形状，因此有了很高的观赏价值。平时常见的类型包括皱叶椒草、银叶椒草、翡翠椒草，原生种类超过了 1000 种，椒草的分类有两种方法：株型（如蔓型、丛生、直立）和叶子的形态（如皱叶、肉质、斑叶等）。椒草虽然有如此多的品种，而且形态各异，但是有一个不变的特征——花序。多数椒草在春季开花，植株顶部生出长条的鞭状物，如果用显微镜可以观察到是细密的微小花朵，这个特征也是相当典型了。

椒草理想的生长环境是半日照的，故而成了刚接触园艺的新手喜爱的种类，不仅对高温、干燥的环境有出色的抵抗能力，病虫害的情况也不多见。在家中种植需要注意通风，防止叶子和茎干腐烂。此外，如果种植的椒草原产地是高温多湿的环境，适合使用泥炭、苔类介质，平时如果土干那就用水浇透，冬季时尽量少浇水。

直立与蔓型品种的椒草主要用茎枝扦插的方式繁殖，丛生的种类则使用叶插的方法，春至夏末的时候最适合种植。

◆ 椒草

◆ 椒草

冷水花

冷水花属于荨麻科冷水花属，适合生长在半日照的环境下，平时养护的时候可以土壤微干时再浇水。

冷水花别名透明草、花叶荨麻、白雪覃，原产地是热带的潮湿高温地区，是一种多年生的常绿草本植物。冷水花在树林中经常分布在寒冷的溪水和水涧之间，因而得名。叶片的质感是起伏不平的，表面有美观的色彩纹路，具有顽强的生命力。

冷水花生长的环境是阴暗的区域，通常来说室内栽培的时候只用灯光就能保证其正常生长。最需要防止的情况就是阳光直射，光线强烈冷水花会被灼伤，不但如此，叶片还很容易变黄，白色叶斑不清晰。入夏如果出现高温，不仅要保证通风，还需要增加空气的湿度，经常用水对叶片喷雾，介质呈现轻度干燥时才可浇水。冷水花畏寒，冬天需防冻害，如果必须种植在户外，水分不能太多，防止根部冻伤。

繁殖成功率最高的方式是扦插。先剪断 5~10 厘米长的枝条，扦插后还要注意使用透明塑料杯盖住，保证湿度，一星期就能生出根系。繁殖季节以春、秋两季为宜，平时剪下的植株可以多繁殖，不用过多地修剪，避免株型劣化。

◆ 冷水花

◆ 冷水花

◆ 冷水花

合果芋

合果芋隶属于天南星科合果芋属。主要生活在阴暗、半日照的环境之中，平时浇水的时候保持植物潮湿即可。

合果芋是一种多年生的常绿蔓性植物。植物原产地是热带美洲，原生品种超过 20 个，有许多园艺的品种。这种植物在生长过程中，叶子会出现一些变化，幼叶呈箭头形的单叶，生长后叶片会出现掌裂的情况，分裂后少则三叉，多则达到七八个分叉，叶片的外观改变得很彻底。茎部的蔓生能力旺盛，气生根常会蔓延附着于他物。茎部破裂后会出现毒液，误食、误触会导致中毒和过敏症状，种植尤其需要小心。

合果芋比较耐阴，生长的环境是阴暗或半日照。普通的园艺品种都不可以直接晒太阳，否则叶片会被晒伤。合果芋不耐旱，如果环境缺水那就无法正常生长，春、夏、秋季的时候要保证介质湿润，不过根部不能积水，也要避免从植株顶部浇灌。冬季休眠期水要给得少些，土干再浇水。

合果芋的繁殖方式主要是扦插。水插、土插的方式均可，可多插几枝，保证植株生长茂密。

◆ 合果芋

◆ 合果芋

◆ 合果芋

龟背竹

龟背竹的别名是蓬莱蕉、电线草、龟背蕉、龟背芋等，原产地是南美洲，这种植物主要生长在墨西哥的热带雨林中，许多国家都有栽种，是一种非常有名的室内观叶植物。

龟背竹是多年生老株蔓植物，植株高度通常可以达到 7~8 米，具有强壮的肉质根与粗壮茎秆。圆形的叶片体积很大，直径可达 60 厘米以上，叶柄粗而且挺直，形态则主要有直立或斜生的情况，中部缺刻的情况比较多，上下缺刻则相对较小，每侧还可以发现尖卵形的大孔洞。肉穗花序相对短一些，呈现为圆柱形，雄花主要生在肉穗花序上部，有微微的紫色部分；雌花主要生长在下部，为黄色，花期在 8~9 月。

龟背竹主要生长在凉爽、湿润的环境之中。比较畏寒，生长的温度通常为 22~26℃，冬季温度要在 10℃以上，不过温度太高同样不行，当气温超过了 32℃，植物便会停止生长。耐阴性强，比较畏惧强光照射，强光照射后，叶片很可能会变黄、干枯。龟背竹生长需要比较高的土壤湿度和比较大的空气湿度，如果空气干燥，叶面肯定会因此失去光泽，叶子干枯而且生长放缓。生长期每半个月施一次肥。

龟背竹的繁殖方式有播种、扦插、分株等。可选的放置位置有东、南、北向阳台。

◆ 龟背竹

◆ 龟背竹

◆ 观叶植物

选择

观叶植物通常全年都在生长，种植的成活难度不大，可是如果想美观，从购买时就要注意季节、植物品质等问题。

1. 季节

观叶植物的原产地主要是热带，因此更适应高温环境，迅速生长的时节是春末到秋初，产量多且品质优异。

2. 斑叶特点鲜明与否

斑叶品种就要选择那些特征鲜明的，有一些植物养护得当的话，斑纹会更加明显。

3. 植物生长的茂密程度如何

蕨类病虫害不多，需要选择长势快速而且没什么黑斑的植物。

4. 病虫害威胁

通常说来，观叶植物少见病虫害，不过购买时有必要留意一下叶片是否有褐斑，叶背与茎基部分有没有害虫。

5. 叶丛茂密圆满

观叶植物的景观重点就是叶子，因此必须要挑选叶片茂盛、植株浑圆的，在生长期内越浓密越好，但叶片不一定要大。

6. 同级植物的植株

如果植物的类型相同，且是相同级别，那就需要选择外形较大、健壮结实的植物。

7. 藤蔓植物茎蔓的健康程度

藤蔓类植物的茎蔓的长度越长，就越健康，因此要选择枝叶紧密、茎叶无损伤、株形圆满结实者。

8. 叶色有光泽

如果植物被经常放在遮阴棚当中，而且可以适应室内光线，那购买回来可以直接放在室内。叶色鲜明而且非常浓郁的，意味着植物的光线刚好、肥料充足。

9. 植物的适应期

不管植物本身是否健康，在刚刚更换环境后，都会出现不适应的症状，植株会在短时间内失去生命力。买回家之后，要给植物足够的时间来适应，主要问题就是不能放到光线太强、阳光直射的区域，也不要供给太多水分或进行施肥，尽量不要短时间内频繁更换盆器。

◆ 观叶植物

花卉植物

形式

盆栽式

盆栽一直都是阳台种植花卉常见的方式，把不同类型的花木种植在不同大小、造型、材料的盆中，不管是平放还是悬吊，通常都需要使用金属套架进行固定，以避免花盆从高空坠落。耐晒、抗寒、四季有花的植物，就很适合摆放在阳台上。盆栽式最常见的两种方式为悬垂式和摆盆式。

◆ 盆栽植物

如果将盆栽植物移植到花圃中，首先要考虑的问题就是光线和通风的情况如何，且要与其他植物保持间距。其次要按照植物的情况来调配土壤。拿出植物观察土团，在土中挖掘出比土团宽约20厘米的坑，深度则要比土团更深，坑的形状要避免口大里小。挖出来的土与培养土及肥料混合好，先把一部分土放到坑中，再放入土团，土团可以略超过地面，依需要再填土，随后把剩下的部分填满，最后浇水直至土壤湿润就没问题了。

花园当中用高低错落的方式来摆放盆栽，能够营造出景物的层次感。制作整体的花架是没问题的，或者自行搭个小架子，用空心砖堆叠也是可以的。靠墙的情况下利用吊盆、吊篮把部分盆栽固定在墙上，多留一点地面空间。植栽如果太乱的话，会直接影响视觉体验，不妨将每盆植物好好修剪一下，美观而且可以保证通风，还能够避免病虫害的问题。

盆土有多种类型，不同的植物都有不同的土壤要求，盆土的主要类型包括：腐殖土、腐叶土、山土、河土、塘土、沙等。腐殖土的肥力很大，不过使用时要混合沙或普通田土，提高排水性能。腐叶土相对疏松，使用时通常也需要混合沙或田土。山土常用来种植松柏、杜鹃、兰花等植物。河土经常要混合沙或糠灰。塘土性质类似于河土，但较之肥沃。沙经常要混合黏性土，便于排水。

◆ 盆栽仙人掌

摆盆式

摆盆式的形式相对好操作，养花者用这种形式比较多见，不同的盆栽花卉也是按照体积的大小、高低排列，经常的放置位置是阳台的里面或阳台的护栏墙上。通常来说朝南的阳台上可摆放喜光花卉，比方说月季、扶桑、石榴等；朝北的阳台通常要放置耐阴的花卉，常见的种类包括龟背竹、万年青、一叶兰、八角金盘等；朝东的阳台常见的植物种类包括兰花、花叶芋、棕竹等植物，这些植物都是半耐阴的；朝西的阳台种植的植物要求抗风特性不错，如黄杨之类。

◆ 摆盆式植物

悬垂式

悬垂式主要适用的植物类型是吊盆植物，这种植物常用在面积小的阳台，这可以提升空间立体的感觉。悬垂式选择的植物要求枝叶自然下垂、蔓生或枝叶茂密，观花或者观叶的植物都有，比方说吊兰、猪笼草、鸟巢蕨、肾蕨、吊金钱、秋海棠、蟹爪兰、常春藤、绿串珠等。如果使用这种装饰形式，需要综合考虑吊盆外观上的构图和颜色的具体配比，几个吊盆高低错落进行调配也是合理的，另外两三个吊盆串起来也是可以的，能增加空间的美感。

悬垂式包括两种：一是悬挂在阳台的顶板上，或是在楼墙安装一些吊架或托架，使用相对小点的、容易种植的植物，如吊兰、蟹爪兰、彩叶草等，可以美化空间；二是在阳台边上悬挂一些小的容器，比方说栽种藤蔓或披散型的植物，常见的有吊兰、常春藤等，这种植物的枝叶能够拖在阳台之外，美化围栏和街景。

◆ 吊盆植物

◆ 花坛植物

◆ 花坛植物

花坛式

花坛式的意思就是利用固定的种植槽来栽种植物。种植槽是单层的或者是立体的均可。

这种形式的选址主要是阳台的地面、水泥台上、边缘的铁架上，制作的器物包括小条形木槽、水泥槽，器物要有深度，器物的中间常需要栽种花卉。普通楼房通常阳台面积不大，种植槽的位置多选址在阳台外侧，悬挂的形式不占用内侧空间。种植槽通常宽度在 20 厘米左右，高 15~20 厘米，长度要按照阳台具体的大小来决定。如果要悬挂在阳台的侧面，还可以选择相对矮的而且蔓生的一、二年生花卉，比方说矮牵牛、半枝莲、美女樱、金鱼草、矮鸡冠、凤仙花等。阳台两边的种植槽通常选择爬藤植物种植，常用的植物类型包括红花菜豆、羽叶茑萝、旱金莲、文竹等，另外还可以使用竹竿、铁丝或细麻绳制作引线，把花卉缠绕在上面，不但可以美化环境，还能够遮阴。固定的种植槽由于换土较困难，器物的底部还没有排水孔，故而经常要直接将盆栽植物置于槽中进行组合摆放。

有一种活动的种植槽，这种形式叫花箱式，基本的形状是长方形，摆放或悬挂相对而言比较节省面积和空间。培育好的盆花摆进花箱，将花箱用挂钩固定在阳台的外侧，或者固定到阳台护栏墙的上沿。花箱如果是落地摆放，更适宜放到镂空式长廊阳台中，这样主人不仅可以欣赏，还可以保证植物枝条从镂空处悬垂下去，形成绿色的类似瀑布一样的风景，既是内装饰，又是外装饰。

附壁式

附壁式是于围栏内、外侧种植紫藤、爬山虎、凌霄等木本的蔓生植物，不但能够直接对围栏及旁边的墙壁进行绿化，还可以使用墙壁镶嵌特制的半边花瓶式样的花盆，更有利于种植观叶植物。

综合式

综合式中常用的植物包括栽种攀缘或蔓生植物，绿化的方式分为平行垂直绿化和平行水平绿化。通常来说西向阳台的夏季光线比较强烈，最好使用平行垂直绿化。用这些植物做成绿色的帷幕，把烈日完全挡开了，从而达到隔热、降温的作用，使阳台形成清凉、舒适的小环境。而在朝向不错的阳台中常用到平行水平绿化。不能直接影响到阳台的生活功能，因此要按照最合理的构图形式和植物材料进行塑造。

如果阳台不用来晾衣服，就可以制作两个架子放置好，这样有利于攀缘植物的缠绕。市面上出售的栅格主要是铝制作的，这个可以人工制作。

如果用不同的布置形式，阳台栽种的花卉也要用到不同的种类。通常说来，花箱式主要选择一些喜阳性、分枝多、花朵繁、花期长的耐干旱花卉，具体的类型包括天竺葵、四季菊、大理花、长春花等；悬垂式中经常用到的植物类型包括垂盆草、小叶长春藤、旱金莲等；花坛式布置的种类相当多，可是要注意层次区别，在格调统一的前提下不适合太杂，常用的植物种类包括菊花、月季、仙客来、文竹、彩叶草等。

◆ 爬山虎

◆ 爬山虎绿墙

◆ 阳台植物

◆ 阳台花架

花架式

面积不大的阳台想要扩大种植面积还常用到花架的方式进行立体的绿化。花架常用的形式是用阶梯式或其他形式的盆架放置花卉，然后在阳台上布置立体的盆花，这样就可以将盆架搭到阳台外面，向户外要空间，不但增加绿化面积，而且美化户外环境。

种类

报春花

报春花在世界上的种类还是很多的，不仅有悠远的历史，而且成了相当常见的园林花卉。

报春花还被称为年景花、樱草、四季报春。属报春花科，原产地主要集中于北半球温带和亚热带的高山地区，少数几种出产于南半球。我国境内的报春花种类超过400种，产地主要为四川、云南和西藏的南部，另外陕西、湖北、贵州也有大量分布，其他地区的出产比较少。

报春花的形态特点包括：叶片的生长形态是椭圆形至长椭圆形，有光滑的叶面，叶子的边缘有浅裂纹，叶背有白色腺毛。花通常从根部生出，花的高度在30厘米左右，花序的特点为伞形，整体高度超过叶面。具体的分类包括有柄或无柄，全缘或分裂。

◆ 报春花

◆ 报春花

◆ 报春花

◆ 报春花

◆ 报春花

报春花生活的环境特点是凉爽、半阴和湿润。种植报春花的土壤要求排水良好、腐殖质含量高，报春花怕高温和直射的强烈光线，许多品种都畏寒。冬季室温夜间为 10~12℃，白天为 15~18℃。

报春花主要的繁殖方式是播种，播种期可以依据开花的情况来定，通常播种后 6 个月左右便可开花。报春花种子不宜保存，通常采种后要马上播种，贮藏条件要求低温。播种多用浅盆，土要混合腐叶土和园土，盆土完成混合后，可用 4 倍细沙和种子搅拌到一起，然后均匀地撒到盆内，最后把土面压得紧实一些，这样对于种子吸水和扎根帮助甚大，不必覆土。播种后把盆放到水池中，待表土浸湿后取出；放置半阴处，经过两周左右发芽，然后转移到光线照射的地方。盆面加盖玻璃，这样可以营造湿润的环境。播种最适合的温度为 15~21℃，温度不能高于 25℃，温度太高影响发芽。

报春花常见病害包括褐斑病、茎腐病以及红蜘蛛的危害。治疗病虫害可以到花卉市场购买相应的药品或请专业人士指导。

观叶秋海棠

观叶秋海棠属于秋海棠科秋海棠属，适合种植在阴暗或半日照的环境中，观叶秋海棠平时浇水以土稍干则浇水为佳。

秋海棠的品种非常多，主要分布在温暖的地区，杂交品系已达数千种。在这许多品种当中，观叶秋海棠以叶片美丽多姿而著名。和普通海棠的区别表现在这种花的叶形变化、叶片色彩与斑纹变化。最原始的品种是印度的蟆叶海棠，这种海棠已经没有原生种了，现在看到的都是杂交种。观叶秋海棠的花朵平淡无奇，基本没有观赏价值，叶片的根部为心形，为倾斜的叶片，别的形状还有卵形、星形、长矛形等，叶片的大小差异是很明显的。

观叶秋海棠有两种，地下根茎的丛生叶种类和茎部直立的立茎型种类。丛生叶种类有很强的耐阴特点，只要有灯光照射便可生长；立茎型种类需要比较充足的光照，最好的日照条件是半日照至全日照。观叶秋海棠叶片相对比较薄，通常土壤刚刚变干就需要浇水，这种植物的叶片为褶皱状，而且密布着细毛，浇水要尽量避免浇到叶片，否则易导致腐烂染病。

丛生叶的观叶秋海棠主要的繁殖方式是分株法或叶插法，叶插法利用的是全叶或是将叶片切段（每段需带有叶脉）的方式；立茎型种类使用茎插法，茎干上不能留叶子。

◆ 观叶秋海棠

◆ 观叶秋海棠

◆ 观叶秋海棠

◆ 风信子

风信子

风信子的植株相对矮一些，这种花的花序非常大方，颜色相对比较丰富，姿态雍容，在光洁鲜嫩的绿叶衬托下，相当美丽而且静谧，可以说是早春花卉当中的宠儿，风信子是一种盆花。

风信子的其他称呼有洋水仙、西洋水仙、五色水仙、时样锦，风信子是百合科风信子属植物。原产地是欧洲南部、非洲南部、地中海东部沿岸和土耳其的小亚细亚。

风信子是一种多年生草本植物。鳞茎卵形，表皮带有膜一样的物质。一般叶子有 4~8 片，叶子是狭披针形，肉质，叶子上还有凹沟，绿色的叶片带有光泽。花茎肉质，比叶子还高一些，总状花序顶生，花朵的数量为 5~20 朵，花朵为漏斗形，花被筒长、基部膨大，裂片长圆形、反卷，另外花朵的颜色有紫色、白色、红色、黄色、粉色、蓝色等，其他常见品种还包括重瓣、大花、早花和多倍体等特征。

栽培用土：种植风信子的土壤要求是肥沃、有很高的有机质、团粒结构好、pH 值在 6~7。风信子在生长过程中必须经常浇水，促使其生长，花凋零后就要减少补水量。夏季，风信子基本呈现为匍匐状，这个时期属于休眠期，要控制浇水，避免根部出现腐烂的情况。冬季的时候就需要剪掉地面的部分，浇一些水帮助植物越冬。在生长时期要施加养分比较完全的液肥 1~2 次，等花谢之后再施加 1~2 次液肥，有利于地下鳞茎的生长，休眠期要停止施肥。

◆ 风信子

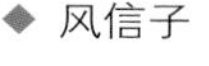

◆ 风信子

风信子的繁殖方式主要是分球繁殖，育种的时候则要使用种子。风信子维持日常生理活动需要超过 5000 勒克斯的光照。光照过弱，直接影响植株发育，出现茎过长、花苞小、花早谢、叶发黄的发育不良现象，补救措施为：用白炽灯在 1 米左右处补光，注意光照不能太强，否则会导致叶片和花瓣灼伤或花期缩短。

风信子主要的病虫害：腐朽菌核直接对风信子的幼苗和鳞茎产生病害；碎色花瓣病危害风信子的花瓣；茎线虫病会直接损害植物的上部，对于这种病害的预防机制是在鳞茎收藏时把受伤或患病的鳞茎剔除，贮藏鳞茎时室内要通风。

吊兰

吊兰的别称是钓兰、挂兰、折鹤兰，属于百合科吊兰属。这是一种多年生的常绿宿根草本植物，南非是其原产地。吊兰可以净化空气中的有害气体，因此吊兰通常种植在阳台和室内。吊兰根茎短小、肉质，通常呈现为丛生状，生长方式为横生或斜生。叶的根部紧贴茎干，着生于短茎上，常达数十枚，叶片基本为条形或者条状披针形，整体形状外弯，叶片长度能够达到40厘米，叶片的宽在1~2厘米，全缘，顶端有尖部。从叶丛当中会生长出花葶，花开时叶片下垂，并在花序的上部节上形成生长出根系的小植株。春夏时期，吊兰开花；如果把花养在室内，冬季时都可能开花。

吊兰主要生长在温暖、潮湿、光照为半阴的地方，最低温度不能低于5℃。放置在干燥的空气中容易导致叶片干尖，失去绿色。

吊兰的主要种植方式是分株法，使用花葶上生长根系的幼株都可以栽植，另外还可以使用种子种植。

◆ 吊兰

◆ 睡莲

睡莲

睡莲还被称为子午莲、水芹花，属于睡莲科睡莲属，原产地主要分布在北非和东南亚热带地区，还有少量集中出现在南非、欧洲和亚洲的温带、寒带区域。

睡莲的花和叶都有观赏价值，睡莲的花姿明艳，宛如出水的少女，故而得到了“水中女神”的称呼。

睡莲是多年生水生花卉。有粗短的根茎，叶丛生，有狭长的柄，经常浮在水面上，叶片为圆形或卵状椭圆形，直径能够达到十几厘米，全缘，无毛，叶片颜色浓绿，幼叶上面经常能够看到褐色的斑纹，叶片背面则是暗紫色。花单生于细长的花柄顶端，花的颜色主要是白色，漂浮在水面上，直径可以达到 6 厘米。萼片 4 枚，通常为披针形或窄卵形。聚合果球衣形，果实中还有几个椭圆形的黑色小坚果。睡莲在长江流域花期主要集中在 5 月中旬到 9 月，果期集中于 7~10 月。花单生，萼片宿存，花瓣主要的色彩是白色，雄蕊数量比较多，雌蕊的柱头上面还有 6~8 个辐射状的裂片。睡莲在我国各地都有栽植。

睡莲属于水生的花卉，花朵开放之后的管理和开花前的管理差不多。要注意经常追肥，避免哑蕾的出现。平时还要留意不能摆放在荫蔽处，睡莲开花需要足够的光照。另外还要避免环境温度过低，温度太低可能导致不开花。

睡莲生长的环境要求有足够的水分和光照，如果池塘的旁边有树荫，同样可以开花，但生长较弱。平时种植睡莲，直接利用肥沃的塘泥或园土都是可以的。

睡莲在盆中栽培的最好时期是 4~5 月。这个时候基本是新芽要开始生出的时候，这个时间不能晚于 6 月底。睡莲的球根或块茎，外观呈黑色，因此品质不好分辨。分辨的时候用小刀切皮，优秀的品种肉质呈白色，而且坚硬，这种球根生出的嫩芽更好。久置的干燥球或腐烂球绝不能使用。

如果种植睡莲的水面小，叶重叠，开花会遭受很大影响。栽培睡莲的最好容器是盆栽套缸，每株提供超过 1 平方米的水面才可以保证更多地开花。

◆ 睡莲

◆ 睡莲

睡莲施肥比较多。栽植的时候可用厩肥、饼肥等，必须施够底肥。花期要追肥，另外还需要混合复合肥、饼肥或磷酸二氢钾，通常是半个月施肥 1 次，连施 3~4 次，能促进开花。

睡莲可以使用分株和播种的方式繁殖。

◆ 睡莲

◆ 睡莲

睡莲常见的病害包括叶斑病、睡莲甲虫、斜纹夜蛾、螺蛳类、睡莲蚜虫等。要想防治这种疾病，主要是保证叶片的光洁、池水的清洁，多用水清理叶片。出现问题马上防治，蚜虫使用 45% 的乐果 1000 倍液可以控制；斜纹夜蛾则可以使用 90% 敌百虫 1000 倍液或 1000~1500 倍液杀死；睡莲小萤叶还可以利用 1200 倍液杀死并进行控制；睡莲叶斑病易引起睡莲叶片暗腐斑，如果出现这种病症就需要马上清除病叶，保证叶片的良好通风效果，然后利用百菌清喷洒进行防治。

山茶花

山茶花还被称为茶花，属于山茶科山茶属植物，是一种比较常见的常绿阔叶灌木，同样是我国的四大名花一，分布的区域为我国长江流域，日本、朝鲜都有山茶花分布，现在的市场上有许多经过长期选育、观赏价值比较高的种类。

山茶花有柔顺的枝条，枝条为黄褐色。单叶互生，革质，柄比较短，叶片为卵形或椭圆形，边缘有锯齿，颜色深绿且有光泽。花通常为单生或有 2~3 朵，主要聚合生长在枝端的叶腋，花梗极短，种类通常包括单瓣、重瓣、褶皱，有大红色、桃红色、粉红色、白色及红白相间等颜色，种类可以达到几百种。冬春时节开花。

山茶花主要生长在温暖、湿润、半阴的环境之中，最适合的生长温度为 15~25℃，稍耐寒，不能承受强光与高温，土壤贫瘠干旱的话不宜种植，亦惧植土过湿。最适合的土壤是肥沃、疏松的红壤。夏季栽培的时候需要注意避免 30%~40% 的光照，特别在高温的季节，需要给叶片和阳台地面喷淋帮助降温，花芽形成前还需要注意控氮控水，这样才能保证花芽分化。

山茶花的主要繁殖方式是嫁接法和压条法，还可以使用播种繁殖。最适合放到东、南、西向的阳台上。

◆ 山茶花

◆ 山茶花

◆ 山茶花

万寿菊

万寿菊还被称为臭芙蓉、万寿灯、蜂窝菊、臭菊花、蝎子菊，属于菊科万寿菊属，这种植物原产地是墨西哥，是一种广泛种植的植物。万寿菊开花比较多，有鲜艳的色彩，花期长，形如绣球，有一种雍容的感觉，花中含有叶黄素。

万寿菊是一种旋光性的植物，平时生长的时候需要充足的阳光，植株矮壮，花色艳丽。如果光照不足，茎叶就会变得窄长而柔软，开花少而小。

种植万寿菊并不需要太优质的土壤，如果土壤本身很肥沃，而且排水性能不错的话，开花开得更好。

幼苗子叶长开，生出 2~3 对真叶时，就可以把小苗固定到花盆里，这个时候可以利用三份壤土、一份腐厩肥，混合一部分三元复合肥，移植后浇百菌清 1000 倍液进行缓苗。种植完初期需要避免阳光直射，缓苗结束之后才能够接受直射光照射。缓苗后，浇 1 次透水，只有避免少浇水，才可以避免株型出问题，允许小苗稍萎蔫。此时要求环境温度为 16~22℃。

万寿菊主要的繁殖方式是播种、扦插。

万寿菊常见的病害包括：灰霉病，灰霉病可以使用 1000 倍液喷雾或疫霜灵 800 倍液进行控制；潜叶蝇，可以使用潜必多 1000 倍液进行喷杀。

◆ 万寿菊

◆ 万寿菊

◆ 万寿菊

墨兰

墨兰还被称为岁兰、拜岁兰等，是一种兰科兰属的多年生草本植物，原产地分布在我国的广东、广西、云南、海南，以及越南、缅甸等地。墨兰在我国培育的历史很长，品种繁多，墨兰的花季经常恰逢春节，因此成了我国春节花卉市场上主要的观赏中国兰。

◆ 墨兰

◆ 墨兰

◆ 墨兰

墨兰有 4~5 枚的叶片，主要丛生在椭圆形的假鳞茎上，有剑形的叶片，叶片有光泽，为深绿色。花茎直立、粗壮，经常高过叶面，有花 7~17 朵，有披针形的萼片，花的脉络有 5 条，花瓣整体是短而宽的。花色为淡褐色，有白色的花。花清香，花期在 1~3 月，秋榜品种在秋季开花。

墨兰适宜生活的环境特点包括：温暖、湿润、半阴。最适合的生长温度为 20~25℃，冬季温度需要高于 12℃。栽培基质主要的材料是丰富的腐殖质、比较松软的沙土，盆栽土壤通常要使用腐熟的树皮、泥炭土和腐叶土进行调配。浇水要用洁净的水，避免直接利用自来水浇灌，采用沉淀过的清水较好，炎热的夏日每天保证浇水 1 次，冬季 4~5 天浇水 1 次。生长期每月施肥 1~2 次。

墨兰通常使用分株法、无菌播种法进行繁殖。墨兰主要的摆放位置是东、南向阳台和室内。

◆ 郁金香

郁金香

郁金香是一种闻名世界的花卉。这种花的花茎直挺，叶片秀丽素雅，顶托着高脚杯状的花朵，不仅美丽，而且有细润的色彩，被作为胜利和美好的象征。

郁金香还被称为洋荷花、旱荷花、草麝香，郁金香属于百合科郁金香属，原产地主要分布在南欧地区、里海沿岸及中亚细亚的土耳其地区，郁金香还是荷兰、土耳其等国家的国花。

郁金香是多年生的草本植物，有卵形的鳞茎，横茎有 2 厘米长，外层鳞茎有皮纸一样的质感，茎部和顶端还有小部分的伏贴毛。郁金香的叶子有 3~5 片，形状是条状针形或卵状披针形，叶子顶端有少量毛。花茎的高度可以达到 20~50 厘米，花茎的顶部通常会生出一朵大花，花被有 6 片，分 2 轮。花色非常美丽，常见的颜色有白色、黄色、紫色、粉色、红色、蓝色等。很多的花还带有镶边，通常有斑斓的条纹，同时也有非常美丽的颜色，花型优美，富于变化，不仅有荷花的形状，同时还有百合花型，以及卵形或球形，雄蕊有 6 个，长度和雌蕊接近，子房通常为圆形，柱头大而呈鸡冠状。

◆ 郁金香

◆ 郁金香

郁金香是一种喜欢日照的花卉，平时应该放到光照充足的环境。

种植郁金香的土壤通常要求是：腐殖质丰富、土壤松软肥力好、排水良好的微酸性沙质壤土。最应该避免的就是碱土和连作。盆栽通常需要在秋季上盆，每盆放 3~4 个球，球的顶部需要保持和土面持平，浇透水后就可以放到冷床或露地向阳处，之后经过 8 ~ 10 周的低温，放入 5~10℃温室，放到半阴的环境中，显蕾之后要将室温提高到 15~18℃，春节前后就可以开花。

郁金香在栽种完成后，如果土壤不是太干的话尽量不要浇水，尤其不能用大水漫灌。秋分的时候多浇水，保证土壤湿润即可，土壤水分需稳定，不能时而干、时而湿。春季的时候如果水分太多，很容易导致球根腐烂、茎叶还容易因此得病，平时就必须留意排水；土壤缺水，种球可能因而无法正常发育，故而导致空心芽茎的出现，形不成大种球。第二年春季如果降水不足，那就需要多浇水，并在每天傍晚浇水，保证根系能够得到充足的水分，减少白天浇水，以免日灼、热害。

郁金香生长发育期通常需要施肥 4 次。幼芽长出后需要第一次施肥，现蕾期需要第二次施肥，开花前需要第三次施肥，花谢后需要第四次施肥。结合喷施花卉专用复合肥进行根外追肥，比追施化肥好。

郁金香主要使用分离小鳞茎法进行繁殖。郁金香致病的细菌主要是郁金香病虫菌，主要携带的中介是种球，另外土壤中也可能带有细菌导致种球受到污染，细菌主要出现在高温、高湿的环境中，郁金香的病害包括茎腐病、软腐病、碎色病、猝倒病、盲芽等，害虫主要是蚜虫。栽种郁金香前，需要对土壤消毒杀菌，尽可能选用脱毒种球栽培，如果有病株的话要及时消灭，大棚生长过程中杀菌剂需要喷洒 1~2 次，效果更好。应注意保持通风的环境，防止高温、高湿。蚜虫发生时可用 3% 天然除虫菊酯 800 倍液进行喷杀。

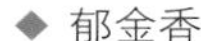

◆ 郁金香

◆ 春兰

◆ 春兰

◆ 春兰

春兰

春兰的别称是草兰、山兰、朵朵香，属于兰科兰属，是一种多年生的草本植物，作为观赏花卉在我国有悠久的历史。

春兰的根部有肥厚的肉质部，乳白色，假鳞茎呈现为很密集的簇状。叶子窄而短小，叶子呈剑状，暗绿色，叶子的边缘相当粗糙，表面平滑。花茎直挺，能够生长到 10~20 厘米；花单生，少见的是两朵，整体为浅绿色，经常会在萼片的上面发现紫褐色的条纹或斑块。花期主要是 2~3 月，花的香味清幽。

春兰生长的环境特点：温暖、湿润、半阴。春兰较耐寒，生长的早期需要尽量避免阳光直射、暴晒的问题，叶片如果经过高温照射容易发黄，生长也受影响。种植春兰的土壤主要由腐叶土或微酸性山泥搭配而成。最需要避免的是高温、干燥、积水。生长适温为 16~24℃。种植春兰最需要留意的问题是浇水，湿度大则少浇，夏天是生长的迅速时期，气温高，这个时候浇水要更足一些。夏季清晨是浇水的最好时间。冬季浇水以晴日中午为好。新芽萌发到冬天休眠之间需要半个月对春兰施肥 1 次，浓度宜淡。施肥应主要在天气不错的日子进行，冬季春兰处于半休眠状态，应停止施肥。

春兰主要的繁殖方式是分株法和播种法。最适合摆放春兰的地方是东、南向阳台和室内。

栀子花

栀子花一直都是备受人们喜欢的花朵，还被称为山栀花、野桂花、折蟾花、雀舌花、玉瓯花、玉荷花，栀子花主要属于茜草科栀子属，原产地是我国，分布的区域主要是我国的南部和中部。另外栀子花在越南、日本都很常见。

栀子花属于四季常绿的灌木。栀子花的枝条为绿色，有对生的叶片，外观为披针形或倒卵形，先端和基部为钝尖，全缘，叶片表面有光泽，而且为青绿色。栀子花开白花，花朵主要生在顶部或腋部，有短梗，有浓郁的芳香，花冠基部为筒状，排列顺序为回旋状，没开花时是卷曲状，裂片 8 枚为肉质。主要在 5~7 月开花。果实为卵形，有纵直六角棱；有扁平的种子，球形，外部还有黄色黏质物包裹。

栀子花属于喜阳的植物，可是不能用强烈的光线直射，最好的环境是空气温度高同时通风状况良好的地方。

栀子花需要生长在疏松、肥沃、排水良好、黏性不大的酸性土壤中，栀子花是一种很常见的酸性花卉。盆栽土壤主要用 40% 园土、15% 粗沙、30% 厩肥土、15% 腐叶土进行配制。

◆ 栀子花

◆ 栀子花

移植苗木或盆栽最好的季节是春季，如果种植的时候是梅雨季节，那便需要保留土球。

雨水或发酵的淘米水适合用于浇灌栀子花。夏季，要每天早晚向叶面喷 1 次水，这样可以提高空气的温度。盆栽栀子花，8 月份开花后只浇清水，同时要注意浇水的量。10 月寒露之前需要移到室内，置于向阳处。冬季的浇水要严格控制，平时要用清水常喷叶面。

栀子花通常要多施肥，盆栽的栀子花在换盆的时候就需要施有机肥来作为基肥，生长发育期的时候也需要多施肥。施肥的主要方式是薄肥，不仅需要多施用矾肥水，现蕾以后还要增施 2~3 次速效性磷肥，比方说 0.5% 过磷酸钙等。

通常说来，每年 5~7 月是栀子花生长的迅速时期，结束后就需要对植株进行整理和修建，削掉顶梢，促进分枝萌生，这样可以保证以后的栀子花株形美、开花多。

栀子花主要的繁殖方法包括：扦插法、压条法、空中压条法、分株法。

栀子花上经常出现的病害是叶片的黄化病，这种病症的原因并不唯一，故需采取不同措施进行防治。

◆ 栀子花

◆ 栀子花

◆ 栀子花

因为缺肥导致的问题：通常这种黄化病开始的部分是植株下部的老叶，然后黄色部分蔓延到新叶。如果叶片缺氮：单纯叶黄，新叶小而脆。缺钾：老叶会转变成褐色。缺磷：老叶颜色通常会变成紫红色或暗红色。如果碰到上面的不同情况，可追施腐熟的人粪尿或饼肥。

因为缺铁导致的问题：此种因素导致的病状主要表现在新叶上，最初的时候叶片颜色是淡黄色或白色，叶脉仍是绿色，发展到严重的时候叶脉逐渐变成黄色或白色，最后的结果肯定是叶片干枯而死。对这种情况，可喷洒 0.2%~0.5% 的硫酸亚铁水溶液进行防治。

因为缺镁导致的问题：通常来说是从老叶开始逐渐向新叶发展，叶脉颜色不变，病情在严重之后，叶片就会脱落。对这种情况，可选择喷 0.7%~0.8% 硼镁肥进行处理。如果浇水太多或者受冻等，也会引起黄叶现象，种植过程中需要特别注意。

冬季的时候，栀子花如果放置到通风不佳、湿度过高的室内，就很容易出现介壳虫问题，同时还会出现煤烟病。对介壳虫，使用竹签清除是可以的，另外使用 20 号石油乳剂加 200 倍水进行喷雾防治。对煤烟病，使用清水清洗或利用多菌灵 1000 倍液进行处理都是可以的。

◆ 栀子花

建兰

建兰的别称有四季兰、剑叶兰等，建兰属于兰科兰属，是一种多年生的宿根草本植物，建兰的原产地主要是我国，另外也有分布在东南亚及印度等地区的记载。建兰在我国的栽种历史是很长的，品种是非常丰富的，尤以广东、福建、广西等地种植的面积为大，现在建兰已经是我国花卉爱好者非常喜欢的中国兰品种。

建兰的假鳞茎主要形状是椭圆形，体积不大。茎上有叶片 2~6 枚，叶片为带形，呈现为柔软下垂的样子，略有光泽，顶端渐尖。花茎直立，相比较之下叶片更短，建兰开花有 5~9 朵，建兰的花为淡黄色，有香味；萼片的形状是短圆的披针形，颜色是浅绿色；花瓣略向里弯，彼此之间接近，花上还有紫红色的条纹，唇瓣呈宽圆形。花期主要是 7~10 月，建兰的许多种类从夏至秋不断开花，故称四季兰。

建兰适宜生长在温暖、湿润、半阴的环境中。夏季最适宜的生长温度为 20~25℃，冬季为 10~15℃。培育的土壤要满足疏松、肥沃、透水保水性能良好的特征，适合种植在微酸性土壤中。盆栽建兰，土壤需要保证一定的湿润，不可过度浇水，更要避免根部积水的现象，积水很容易导致烂根。盆土用疏松、排水好的腐叶土或山泥，另外还可以利用腐熟的树皮、泥炭土、腐叶土进行组合配制。夏季如果湿度不足，要向叶片多喷水，周围的空气湿度要求比较高。建兰喜肥，生长的时候施肥频率是半个月 1 次，以薄肥为主，肥液不能污染兰叶。

建兰主要使用分株繁殖的方式，另外还可以采用无菌播种的方式。最适合培育的环境是东、南向阳台和室内。

◆ 建兰

◆ 建兰

◆ 建兰

桂花

桂花一直都是我国的传统名花，至今已有两千多年的栽培历史。桂花终年绿色，枝叶茂盛而且树姿优美，有非常浓烈的香味。在传统文化当中桂花一直都有崇高、美好、幸福、文雅、胜利、吉祥的寓意，象征着事业的青云直上、飞黄腾达。

桂花还被称为木樨、丹桂、金桂、岩桂，属于木樨科木樨属，桂花的原产地主要位于我国的西南部和中部，现在主要的种植区域位于长江流域及以南地区，我国的西南部以及广西、广东和湖北等省区均有野生的桂花，印度、尼泊尔、柬埔寨也有分布。

桂花属于常绿灌木或小乔木，树冠的形状通常是圆球形，树干表皮相当粗糙，主要是灰白色。叶革质，对生，形状主要是椭圆形和长椭圆形，幼叶的周围生长着锯齿。花序簇生于叶腋，花梗纤细；花冠的整体颜色是黄白色，极芳香。桂花有许多种类，主要有金桂、银桂、丹桂和四季桂。桂花主要生有紫黑色核果，俗称桂子。

桂花需要相对强烈的光照，如果想促进开花，那更需要大量的光照，充足的光照可以让它制造和积累养分，养分是开花的物质基础。植株如果受不到充足的光照，虽叶片浓绿，也会导致养分不够，花芽分化，因此无法开花。

桂花通常对土壤要求不太高，只要土壤不是碱性土、低洼地，或土壤本身太黏重、排水性能极差之外，通常都能够生长，最适合种植的土壤是深厚、疏松、肥沃、排水性能优越的微酸性沙质壤土。

◆ 桂花

◆ 桂花

◆ 桂花

桂花最初种植的一个月和种植当年的夏天是最需要浇水的时机。新种植的桂花一定要浇透水，在条件允许的情况下还要在植株的树冠上喷足够的水，这样才能保证空气的湿度。桂花不耐涝，要注意不能经常让桂花受涝从而损伤植株，在种植的时候需要在土中加一定量的沙子，这样才可以促进新根生长。

桂花有非常发达的根系，因为生长力非常强大，平时就需要多修剪，这样才能够保证花繁香浓。通常在移出室外之前剪去病弱枝、过密枝，可以按照株形进行修剪。这样更有利于通风透光和保证养分的集中，还有利于开花。

桂花的繁殖方式主要包括播种、靠接、切接、压条、扦插等，主要的繁殖方式是靠接和扦插。

桂花常见的病害包括炭疽病、褐斑病、枯斑病、黑刺粉虱、介壳虫、桂花叶蝉等，如果通风的条件非常差，危害就会更大，要对症下药，及时加以防治。

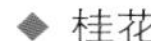

◆ 桂花

扶桑

扶桑的别名是大红花、朱槿等，属于锦葵科木槿属，这是一种常绿的灌木，原产地是我国的广东、广西、台湾、海南、福建等地，现在广泛种植在世界各地。

扶桑可以长到 2~3 米。有直挺的茎干部分，分枝多，嫩枝有柔毛。通常为单叶互生的形态，叶片主要是三角状的卵圆形或菱形，叶柄相对较长，托叶早落，常三裂，边缘有并不规则的锯齿。花只是生在叶腋中，花瓣的主要颜色包括橙色、黄色、粉红色、深红色等。花瓣类型有单瓣、重瓣、裂瓣三种。

扶桑生长很迅速，耐修剪。种植扶桑需要温暖的条件，扶桑耐干旱、水湿、瘠薄。扶桑可以在半阴条件下生长，5 月后需要将扶桑放在日照很充足的地方。此时也是扶桑的生长季节，更需要关注肥、水，通常隔一周至 10 天需要施用 1 次稀薄液肥。浇水则需要关注土壤的干湿问题，过干或过湿都会导致开花受到影响。秋后管理更需要小心，后期施肥要少一些，以免抽发秋梢。秋梢组织相对嫩弱，可能遭受冻害。北方地区冬季应移入室内过冬。

扶桑主要的繁殖方式有扦插、嫁接。最适合摆放的位置为东、南、西向阳台。

◆ 扶桑

◆ 扶桑

◆ 扶桑

◆ 天竺葵

天竺葵

天竺葵的别名是石腊红、洋绣球等，属于牛儿苗科天竺葵属，是一种常绿的亚灌木，发源于非洲的好望角地区，现在市场上常见的都是杂交种。

天竺葵的幼株很像草本植物，肉质多汁；老株基本半木质化，髓心中空。植株本身有一种奇异的气味。单叶互生，常可以看到圆形、肾形、扇形，掌状浅裂。在嫩枝的顶部有伞形的花序，总梗较长，上有细毛。总苞中常可以看到几朵或者几十朵小花，主要的颜色有白色、粉色、桃红色、肉红色、大红色、淡紫色、二重色等，品种包括单瓣和重瓣，另外有彩叶变种，叶面上常可以看到黄色、白色、紫红色等斑纹。天竺葵更适合凉爽的气候，冬季怕严寒风干，夏季要避免湿热的问题。生长时期最合适的温度为 10~25℃，夏季超过 25℃，植株就会进入休眠或半休眠的状态，冬季温度要在 5℃以上，但能耐短时 0℃低温。南北地区基本都可以适应。喜阳光，光照不够的话可能无法开花。喜通透性良好、有大量有机质、相对疏松的中性壤土，耐干旱，忌水湿，盆土更适合干一些的条件，尽量避免久湿和雨涝的情况。天竺葵有很快的生长速度，每年通常都要换盆增土、加肥 1 次，4 月上旬会长出新枝，每周追施 1 次稀薄有机液肥。天竺葵可以使用的播种方式是扦插、播种，适合放在西、南向阳台。

一叶兰

一叶兰属于百合科蜘蛛抱蛋属。

一叶兰的原产地是中国，外观很像大蜘蛛紧抱着白色卵囊，故而得名“蜘蛛抱蛋”，在花艺中称其为一叶兰。基本上叶片都是从土中走茎长出，基本为薄革质，韧度很强，作为叶材也有一周以上的观赏寿命。一叶兰的生命力很顽强，常见的品种有星点、线条、曙斑等。

一叶兰有很强的耐阴性，在阴暗处叶色逐渐变得浓绿，日照太多的话会导致叶片黄化，不惧冷热，土壤变干时就需要浇水。窄叶种植株矮小，最适合装饰的地方是矮柜、茶几；宽叶种叶丛比较散，适合单盆欣赏，与青花瓷盆等中国风格的盆器最搭配。

◆ 一叶兰

◆ 一叶兰

君子兰

君子兰还被称为剑叶、石蒜，这种植物属于石蒜科君子兰属，君子兰的原产地是南非，在我国栽培极广。

君子兰是一种多年生的草本花卉。根肉质，基生，叶呈宽带状，叶子长度在 40~60 厘米，叶片为深绿色，叶片表面有光泽，相对厚实；花梗粗壮，从叶丛中抽出，高 45 厘米左右，花朵的主要形状是漏斗和钟形，大多情况下都是 12~20 朵花聚合到一起组成伞形的花序，着生在花梗顶端，花整体是向上的，因此得名“大花君子兰”。

通常情况下，君子兰需要置于室内光照条件不错的地方，光照足，花朵红艳，有粗大的叶子，长势好；光照不足，花朵色暗淡，叶片深绿，长势差。夏季光照不可太强，否则可能灼伤叶片，通常来说夏季君子兰要放在远离南窗的位置。君子兰叶片有向阳的特性，需 10 天左右调换 180° 方向，保证叶子可以以扇形整齐开展，这对于塑造植株的姿态很有帮助。

◆ 君子兰

◆ 君子兰

种植君子兰的土壤中要有大量的腐殖质，土壤本身的透气性出色、渗水性好，土质肥沃略呈酸性，pH 值在 6.5 最好。在腐殖土中掺入 20% 左右沙粒，对于养根帮助很大。

植株本身会逐渐长大，盆也需要随时加大，栽培一年生苗时，适用 10 厘米盆。第二年换 16.5 厘米盆，然后每当一两年过去，就换大一号的花盆，换盆的季节可以是春、秋两季。北方换盆的最佳时间是 6~8 月，这个时候需要把君子兰放到室外空气流通的荫棚下。9 月初就可以移到室内了，室温保持在 10~15℃，如果通风不错的话就能够正常生长。

正常情况下，春天的时候每天浇水 1 次；夏季浇水的时候要使用细喷水壶把叶片和植物周围的地面都浇上水，晴天每天要浇水 2 次；秋季隔天浇水 1 次；冬季每星期可以浇水 1 次或不到 1 次。同时要根据不同时期的具体情况灵活掌握。比如晴天要多浇；阴天要少浇，如果连续阴天就要减少浇水次数；雨天通常不浇水。原则就是保证盆土柔润，不能太干或太湿。

君子兰在生长了两年后需要增加施肥，春、秋、冬季每隔一个月就要施用饼肥 1 次。施肥时，先扒开盆土，将肥料埋入土中 2 厘米，肥料不可以直接碰到根系，以免烧伤。另外每周还可以用发酵的鱼虾沤制的液肥施肥 1 次。施肥的时机最好是清晨，施肥后还要注意浇水，夏季高温时要注意停止施肥。

君子兰主要的繁殖方式是播种法和分株法。

君子兰经常受到的危害是介壳虫。最好的防治方法就是在介壳虫从蜡壳中往外爬时，用竹片刮去或涂抹百治屠进行毒杀。

◆ 君子兰

◆ 含笑

含笑

含笑别名为含笑花、含笑梅、笑梅、香蕉花等，是一种木兰科含笑属的常绿灌木，原产地是我国广东、福建和广西东南部，现在南北方都有培植。

这种树的高度可以达到 3~5 米，有浓密的分叉，树冠整体为圆形。小枝和叶柄上常可以看到褐色的茸毛。叶子是椭圆形或倒卵状，革质，全缘，颜色嫩绿。花主要为单生，出现在叶子的腋间，质如象牙但柔软，小而圆，主要为乳黄色或乳白色，有 6 片花瓣，瓣缘常可以看到红或紫晕，肉质，香味浓郁。通常 4~6 月开花，9 月果熟。

含笑主要生长在温暖、湿润的环境中，相对耐寒，不过不宜在严寒和干燥环境中生存。夏季要注意遮阴的问题，幼苗要躲避烈日暴晒。种植的土壤要求肥沃、湿润，要使用酸性土，忌渍水。每年的秋、冬季最好施加主要材料为磷钾肥的复合肥 1~2 次，这样可以保证花芽形成；少施氮肥，避免生出不必要的枝叶。修剪的强度不宜太大，对于多余的长枝可以剪出，以保持树冠圆形和利于开花。栽培过程中，含笑最容易出现壳虫和煤烟病，这个时候要将病虫枝除掉，改善通风条件，并用药剂喷杀。

含笑的主要繁殖方式是扦插，还可以利用嫁接、播种、压条的方式繁殖。含笑最适合摆放的位置是东、南、北向阳台。

马蹄莲

马蹄莲是最近几年开始流行的种植花卉，这种花卉的叶片碧绿，有很大的白色花苞片，形状很奇异，类似马蹄，马蹄莲是国内外重要的切花花卉。

马蹄莲还被称为慈姑花、水芋马、观音莲，属于天南星科马蹄莲属。马蹄莲的原产地是非洲南部的河流和沼泽地，我国则主要分布在冀、陕、苏、川、闽、台、滇等省份。

马蹄莲根部部分呈瘤状而且多节，外观为褐色，有厚实的肉质。叶基生，通常是箭形或戟形，叶片有柄，叶片下部有鞘，叶面上分布着平行脉。花梗的顶部会生出黄色的肉穗花序，外围有白色佛焰花苞，外观是漏斗状，喉部开张，前端长尖，反卷。马蹄莲的花期从 2 月持续到 4 月。

培植马蹄莲要求有充足的光照，光线不足则开花少，比较耐阴。夏季如果光线太强要遮阴，避免灼伤叶片。

种植马蹄莲要使用黏壤土，而且要满足疏松肥沃、腐殖质丰富的要求。

盆栽马蹄莲通常在盆中栽种 2~3 个大球，1~2 个小球，在早春首次开花后可以选取母株根茎周围生出的小嫩芽，栽入盆中，然后放到半阴的地方，出芽后置于阳光下，待霜降移入温室，室温不能低于 10℃，在一年精心护理后，第二年即可开花。

通常在当年的 10 月寒露节前就必须把马蹄莲放到室内，同时还要注意减少浇水，每隔 5~7 天可以用温度接近室温的清水喷洗 1 次叶面，保证叶片的干净。马蹄莲喜潮湿，生长发育期间需水分充足。水分不足的话就可能导致叶柄因为缺水而折断；水量过大，也会烂根。

马蹄莲的施肥有很多需要注意的地方：肥料不够的话植物可能营养欠缺，叶片变黄；如果施肥量太大则会导致黄叶的出现，因此肥水要适量。

马蹄莲主要的繁殖方式是播种法和分株法。

◆ 马蹄莲

◆ 马蹄莲

◆ 马蹄莲

蟹爪兰

蟹爪兰的别名是蟹爪、蟹爪莲、仙指花、接骨兰等，属于仙人掌科蟹爪兰属附生小灌木，蟹爪兰的原产地是南美巴西，在我国的栽种很普遍。

蟹爪兰的茎呈扁平的叶状，上有多节，有许多分枝，肥厚，卵圆形，叶片为鲜嫩的绿色，先端截形，边缘部分有粗糙的锯齿。刺座上有褐色毛。花主要出现在茎的顶端，有两侧相对的花，花片呈反卷状，蟹爪兰的花色包括淡紫色、黄色、红色、纯白色、粉红色、橙色、双色等。有梨形的果实，红色、光滑。

蟹爪兰适宜生长在温暖、湿润、半阴的环境中，最适宜的生长温度为18~23℃。夏季最需要预防的便是烈日暴晒和雨淋，冬季温度的要求则是温暖和充足的光照。最适合的栽培土壤为混合腐叶土、泥炭、粗沙做成。蟹爪兰是一种短日照的植物，在如此条件下可以孕蕾开花。生长期通常施肥频率是半个月 1 次，秋季还需要多施加 1~2 次磷钾肥。开花后会出现短时间的休眠状态，这个时候就需要少浇水、停止施肥，待茎节长出新芽后，浇水和施肥可以恢复正常。

蟹爪兰最常见的繁殖方式是扦插、嫁接和播种繁殖。最适合种植的地方是西、南向阳台。

◆ 蟹爪兰

◆ 蟹爪兰

酒瓶兰

酒瓶兰属于龙舌兰科酒瓶兰属，光线要求：全日照、半日照；水分要求：土干浇透。

墨西哥是酒瓶兰的原产地，酒瓶兰的基部肥胖，形似酒瓶，故而得名。幼株茎干短，生长后逐渐长高，茎干直挺高度能够达到 10 米，成株后根部会转变为扁球状，粗大的基部能够保存足够的水分，植株表皮变老后会出现粗糙龟裂。丛生的叶片质感细致，柔滑类似皮革，叶片从茎顶生出，四散下垂，酒瓶兰有卷曲叶片的品种。花朵的颜色是白色，花期为 3~4 周，果实为扁平状。

通常说来，酒瓶兰应放到全日照、半日照的环境中，长期放到阴暗处会导致新叶柔弱的情况。酒瓶兰耐高温和干旱，培养酒瓶兰要使用沙土，要求排水良好、松软肥沃。忌盆土潮湿，浇水的方式是土干浇透。酒瓶兰的生长速度不够快，平常要适度修剪老叶，才能促进植株长高。

酒瓶兰要用播种法繁殖，最佳的繁殖季节是春至秋季，在有些气候环境中可能无法结果，如中国台湾地区。

酒瓶兰的生命力相当顽强，幼株可以放到室内进行小盆栽观赏，可搭配素色盆器，酒瓶兰的叶和茎干很有观赏性，还可以和低矮型观叶植物、多肉植物进行组合和搭配；从茎顶处把叶片清理干净后，还可以把刚长出的叶片进行造型改变，也可使用马克杯简单种植。成株适合于庭植，通常说来户外的成株开花概率也较大。

◆ 酒瓶兰

仙客来

仙客来还被称为兔子花、兔耳花、一品冠、萝卜海棠，属于报春花科仙客来属。仙客来原产于欧洲南部的希腊等地中海地区，现在世界其他地区都有大量栽培。

仙客来开花的主要季节是元旦、春节，因为仙客来姿态优美，花冠翻卷很像飞舞的蝴蝶，非常美丽，因此得到了人们的喜爱而广泛栽培。

仙客来在发芽期时，差不多有 21 天不需要任何光照，全部黑暗；萌芽后如果因为光照导致温度超过 35℃，就要注意避开，可以用无纺布遮盖种子，以保持种子湿润；开花期，想要让花蕾茂盛，在现蕾期要保证充足的阳光，然后放到室内向阳的地方。

仙客来适合种植在微酸性沙壤土中，种植的土壤要求有疏松、肥沃、富含腐殖质、排水良好的特征。

仙客来移植到盆栽的时间在年中的 4~6 月为宜，上盆要换用新的培养土，土壤的 pH 值为 5.6~5.8，基质必须保持足够的湿度，还要避免结块，盆内的培养土要装满，不要装得太少。

盆中的培养土装好后，在盆的中央挖一个坑，然后将种球轻放到盆中央的坑中，要避免伤根的情况，然后要用土壤盖住种球，注意种球不宜埋藏太深，否则会影响植物生长的过程。上盆后要立即浇水，首次浇水从幼苗顶部开始，注意浇透，同时可适当加一些杀菌剂和水溶肥，浇水后最好能露出 1/3~1/2 的种球。

◆ 仙客来

◆ 仙客来

◆ 仙客来

◆ 仙客来

◆ 仙客来

◆ 仙客来

3~4 月，主要球茎部分露出土壤表面。栽后保持表土湿润，浇水的量不能太大。3~4 月换盆的时候需要喷水。5~6 月要保证通风的情况和凉爽的气温、大一些的湿度，经常向地面喷水以控制好温度。7~8 月植株还需要放到凉爽通风的地方。中午向荫棚和地面洒水。浇水需要控制，保持盆土湿润即可。开花后应控制浇水。

仙客来的施肥频率是每两周施 1 次肥，肥料的主要成分为磷、钾。换盆后注意每 7~10 天追施 1 次肥，这样植株才能旺盛生长，叶片生长才能繁茂。10 月下旬需要移到室内，花蕾出现后再施磷、钾肥。冬季室内温度要一直保持在 15~20℃，自 11 月起仙客来开始开花。若喷 5% 的磷酸二氢钾溶液，可以让植株开出鲜艳的大花。花期不要多施肥，尤其要少施氮肥，避免枝叶过度生长，缩短花朵寿命。开花后停止施肥。

仙客来常用的繁殖方法是播种法，另外还可以使用叶扦插和块茎分割法进行繁殖。

仙客来的主要生长问题为病害，病害的因素比虫害多，家庭养护当中常见的病状是灰霉病和软腐病。

防治灰霉病的方法是及时通风，避免空气湿度太大；平时处理时要注意摘除病叶，避免传染；平时喷涂要使用代森锌、多菌灵进行喷洒治疗。

防治软腐病，主要是处理好细菌侵染，病害部位常可以看到软化腐烂的情况，主要的发病部位是球茎。这种病主要是由土壤消毒不彻底所导致，高温或高湿情况下易发生。防治的时候还需要注意喷施农用链霉素或多菌灵等。

春羽

春羽的别名是裂叶喜林芋，主要的原产地是南美的巴西、巴拉圭，我国现在有很广泛的栽培。

春羽有丛生的短茎，叶片主要从茎部的四周生出，叶片长30~100厘米，叶片比较大，呈现为羽状深裂、宽心形，浓绿色，常可以看到表面的光泽。叶柄坚硬而细长，长度可以达到80~100厘米。

春羽生长的环境要具备温暖、潮湿、半阴的特征，生长中最适宜的温度为22~28℃，耐寒力较强，冬季能够承受5℃左右的低温。盆栽土通常要混合园土、泥炭土、腐叶土、粗沙等物质。在生长期，盆土需要湿润一些，特别是在夏季高温期要避免缺水的情况，不但要每日浇水，还要经常向叶面喷水，空气中的湿度要保持在70%~80%。温度如果下降到15℃以下要注意减少浇水量。春季换盆时要足量施肥。生长期为3~10月，每10天需要施氮、磷、钾复合液体肥料1次。

春羽的繁殖方式是扦插、播种、分株。常见的培养位置是东、南向阳台和室内。

◆ 春羽

◆ 春羽

◆ 卡特兰

卡特兰

卡特兰的别名是卡特利亚兰、嘉德利亚兰，这种植物属于兰科卡特兰属，是一种多年生的草本植物，国际公认其为“兰花之王”，原产地是美洲热带、亚热带地区，现在市场上的品种主要是杂交种。

卡特兰是一种附生兰，生长有假鳞茎。假鳞茎的尖部主要生出 1~2 枚肥厚的革质叶片，叶片的表面覆盖着厚厚的角质层，能防止水分蒸发，因此有很强的耐旱能力。花在花茎的顶端生出，单独或成丛开出，卡特兰的花朵中常可以发现肥厚的蜡质花瓣，还有管状的唇瓣。卡特兰的花朵很大，花色浓郁而且多样，从纯白色到深紫红色，另外还有朱红色、绿色、红褐色、黄色及各种过渡色和复色。

卡特兰的最佳培养环境的特点是高温、高湿、阳光较强，卡特兰不耐寒，最佳的温度区间在 25~30℃，越冬的夜间温度要到 15℃左右。如果光照不足则可能导致叶片变得薄而软，假鳞茎细长，很少开花甚至不开花，夏、秋季需要遮掉 50%~60% 的光线，光线强烈很可能直接导致卡特兰得上日灼病或生长停止。栽培基质同时需要满足疏松、透水、透气的要求。春季卡特兰通常生长非常迅速，要求充足的水分和较高的空气湿度；冬季卡特兰会生出花芽，而且还会出现相对的休眠期，减少浇水对于花芽分化帮助比较大，不过花芽发育时也需要一定的水分供给，空气不宜太干。生长季节为春、夏、秋三季，可以一周施 1 次液体肥，还可以使用氮、磷、钾复合肥叶面喷洒或根部施用。

卡特兰的主要繁殖方式是分株繁殖，另外也可以用无菌播种繁殖的方式。最适合生长的位置是东、南、西向阳台。

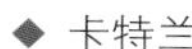

◆ 卡特兰

◆ 蟆叶秋海棠

◆ 蟆叶秋海棠

蟆叶秋海棠

蟆叶秋海棠又被称为毛叶秋海棠、蟆叶牡丹，这是一种秋海棠科秋海棠属的植物，这种植物的原产地是印度北部。

蟆叶秋海棠是一种多年生的常绿草本植物。生长有肥壮的根状茎，茎部为肉质、匍匐，有短节。无地上茎，地下根状茎平卧式生长。叶和花主要是生于根状茎节。叶斜卵圆形，生长有浓郁的叶片，同时还有红色部分，叶片上常可以看到金属光泽斑纹，另外还有不规则的银白色带。叶子有红色的背面，叶脉和叶柄上长有许多毛发。海棠的花主要是浅红色，通常还高于叶面。因为不同的品种，叶片中的色泽和斑纹区别非常大。蟆叶秋海棠最有观赏价值的部分是叶片色彩和斑纹，蟆叶秋海棠是一种盆栽，而且是喜阴的观花、观叶植物。花淡红色，花期较长。

蟆叶秋海棠有象耳形状的叶片，叶片的颜色是银白色，有多种色彩，四季如新，因此可以说是一种非常优秀的室内装饰性观叶植物，它适合于盆栽，配合其他种类的花朵，整体感觉更是幽雅。

蟆叶秋海棠适合种植在温暖的环境中，严寒和高温环境都无法生存。冬季环境的温度要在 10℃以上，夏季的环境要求是凉爽、半阴、很大的空气湿度。

蟆叶秋海棠要避免阳光直射的情况，夏季需要 70% 左右光线，春、秋季 50%，冬季 30%。冬季的时候可以在早晨和傍晚照射几个小时光线。栽培中注意按照一定频率改变花盆的摆放方向。

最适合种植蟆叶秋海棠的容器是泥质花盆、塑料盆、瓷盆、陶盆。最好选择 12~16 厘米直径的盆进行种植。每年春季换盆 1 次，如果缺肥或者长期不换盆则可能导致叶片的颜色暗淡、生长缓慢。

种植蟆叶秋海棠最适合利用泥炭土或腐叶土进行混合作为培养土。盆的旁边还需要增加一些湿泥炭土或苔藓。

蟆叶秋海棠最佳的培养温度是 18~25℃，冬季夜间所能承受的最低温度是 16℃。

蟆叶秋海棠的盆栽苗不宜使用湿度过大的土壤，但是需要保证足够高的空气湿度，夏季需遮阴，盛夏季节不仅需要定时浇水，同时还需要注意往叶面上喷水。冬季的时候可以增加阳光照射，减少浇水，晴天的时候在叶片上浇水来保持叶面清新。从春季到秋季都需要保证盆土的湿润，看到盆表面变干时再浇水。冬季应减少浇水量。

蟆叶秋海棠在迅速生长的时期通常每月施肥 1 次，以氮肥为主。

蟆叶秋海棠主要的病害有灰霉病、白粉病、炭疽病和叶斑病等，对这些病害可以使用 200 倍波尔多液进行喷洒治疗。虫害的种类主要是蓟马，这可以利用 50% 氧化乐果 1000 倍液喷杀。

蟆叶秋海棠主要的繁殖方式是分株。在春季换盆时进行，将根状茎扒开，然后选用鲜嫩具顶芽的根茎栽盆，每盆栽 2~3 段。

◆ 蟆叶秋海棠

◆ 蟆叶秋海棠

◆ 蟆叶秋海棠

非洲菊

非洲菊的别名是扶郎花、大丁草，这种植物属于菊科非洲菊属，是一种多年生的草本植物，主要的原产地是非洲南部，现在我国多引种栽培。

非洲菊整棵植株都布满了细毛。基部生长出多片叶子，叶子的形状是长椭圆状披针形，叶背上还生有长毛。花序是头状，主要生在顶端，舌状花有1~2 轮，条状披针形。非洲菊的花色主要是黄色、粉色、玫瑰红色、鲜红色、橙红色、白色、橙黄色等，另外还有重瓣的品种。

非洲菊主要生长在温暖、湿润、阳光很足的环境中。最适合生长的温度为 20~25℃，晚上的温度为 14~16℃，开花最低温度要保持在 15℃以上，冬季休眠期适温为 12~15℃，温度超过 7℃才可以正常生长。最适宜种植在微酸性的土壤中，而且土壤要满足肥沃、疏松、多腐殖质的要求。盆栽需用肥沃、疏松和排水好的腐叶土或泥炭土。非洲菊属于喜光植物，光照不足就可能直接导致叶片瘦弱发黄、花梗柔细下垂、花小色淡。生长期要注意保持足够的浇水量，保持盆土湿润，但是要避免积水，否则易出现烂根的情况；浇水时应注意叶丛中心不能积水，避免花芽烂掉。每半个月施肥 1 次，花芽形成至开花前增施 1~2 次磷钾肥。

◆ 非洲菊

◆ 非洲菊

非洲菊主要的繁殖方式有分株、播种、扦插等。最适合摆放的位置是东、南向阳台。

◆ 非洲菊

四季秋海棠

四季秋海棠还被称为四季海棠、秋海棠，这种植物属于秋海棠科秋海棠属。原产地是巴西，现在在世界各地都有种植。

四季秋海棠是多年生草本植物。有直挺的茎干，多分枝，肉质，茎干光滑无杂枝。叶互生，形状为卵形而且有光泽，边缘有锯齿，颜色是绿色中有一点淡红色。花淡红色，腋生，簇状。栽培品种繁多，植株的个体分为高种和矮种；花型有单瓣和重瓣的区别；花色有红色、白色、粉红色。叶的颜色常见有绿色、紫红色、深褐色等。

四季秋海棠最适宜生长在温暖、湿润、半阴的环境中，怕干燥和积水，最适合的生长温度为 18~20℃，10℃以下生长速度变缓。

四季秋海棠需要较多的光照，尤其是冬季更需要足够的阳光。如光线不足，花叶的颜色会变得暗淡。

因为四季秋海棠的株型相对完整，花多而密集，更适合制作成小型的盆栽，点缀家中的书桌、茶几、案头和橱窗、会议桌、餐厅台桌，有多彩的颜色，而且枝叶繁茂，可以说是妖媚动人。

四季秋海棠最适合种植的土壤是微酸性土壤，同时要满足肥沃、排水状况不错、有机质含量高的要求。

◆ 四季秋海棠

◆ 四季秋海棠

种植四季秋海棠，在夏季需要注意高温的问题，温度超过 32℃则可能生长不良，冬季的越冬温度需要在 0~5℃。

平时对四季秋海棠的要求是浇水充足，生长期需要大量的水，顺面喷水使叶色滋润，有旺盛的生机和活力。盆土需保持湿润，如果湿度过大则可能烂根。

四季秋海棠的须根长势很旺。生长期尤其要注意施肥管理，通常一周需要施薄液肥 1 次，最好选择复合肥。花前应施追肥，并逐渐增加水量，而花后应减少浇水。

四季秋海棠生有许多的旁枝，应将密枝或者病枝剪除干净。

四季秋海棠的种子本身并不大，播种需要使用特殊的播种床，播种介质选择细小蛭石或珍珠石。发芽的正常温度在 15℃左右，播种最适合的时间是 3~4 月或 10~11 月。夏天高温环境下不易发芽。

四季秋海棠最容易出现斑点细菌病的条件是高温、高湿。通常最初时叶面上都会显现出暗褐色的斑点，逐渐蔓延为黑褐色轮纹状。在控制发病的时候经常要利用等量式波尔多液喷洒预防，并需要改动栽培的条件和管理的方法。发病初期就需要将病叶剔除干净，以防再度传播。夏季是蚜虫与红蜘蛛的高发期，可以使用无公害农药加以防治。

◆ 四季秋海棠

◆ 四季秋海棠

现代月季

现代月季的别名有斗雪红、月月红等，月季是一种蔷薇科蔷薇属的落叶灌木，属于我国的名花。目前栽种的月季和其祖先中国月季差异很大，因此要称为现代月季，简称月季。

月季主要种植在我国华南地区，通常常年绿色。茎上常可以看到尖硬的皮刺。奇数羽状复叶，互生，小叶的数量通常是 3~7 片。新发的嫩叶常见的颜色是暗红色或紫红色，成熟的叶片是绿色。花主要生在枝叶顶端，单生或伞房花序，花瓣数因为品种而有较大的差异。主要的花色包括红色、粉色、橙色、黄色、白色、紫色等，其他的颜色还有双色、多色、混色、条纹及花心异色。

月季主要种植在向阳和凉爽的环境里，最适宜的温度是 18~25℃，超过 35℃便无法正常开花，在夏季力求通风凉爽。低于 5℃便会落叶休眠或者停止生长。月季非常耐寒，普通的品种都可以经受 −10℃至 −15℃的低温。

种植现代月季使用的土壤要满足富含有机质、疏松、肥沃、排水透气的同时保水等要求，pH 值在 5.5~6.5。喜湿润，平时要注意浇水。喜肥，通常在 20 天左右可以施用 1 次配比额度为氮：磷：钾 =1:1:1 的复合肥或有机肥水。平时要注意经常修剪枯枝、病虫枝、细弱枝、过密枝、砧木枝。开花枝平时要注意修剪短些，过老枝则需要从基部剪除。

现代月季主要的繁殖方式是扦插，也可以使用分株、压条的方法来繁殖。最适合摆放的位置是东、南、西向阳台。

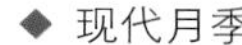

◆ 现代月季

◆ 茉莉

◆ 茉莉

茉莉

茉莉属于木樨科素馨属，是一种常绿的灌木。原产地是印度、巴基斯坦，中国在历史上很早便引入并广泛地种植了这种花卉。

茉莉有细长的枝条，比较类似藤本科植物。有对生的叶子，光亮，卵形。花序很像聚伞，花通常在顶部或腋部抽出，有花 3~12 朵，花冠的颜色是白色，有芬芳的气味。许多种类的茉莉在 6~10 月开花，由初夏至晚秋开花不绝，落叶的茉莉主要在冬天开花，花期通常从 11 月持续到翌年的 3 月。

茉莉适宜生活在温暖、湿润、通风良好、半阴的环境中。最佳的培植土壤是微酸性的土壤，土壤中需要有很多腐殖质。茉莉畏寒、畏旱，而且不能承受湿涝和碱土。冬季气温低于 3℃时，枝叶便可能承受冻害，霜害的承受时间太长则可能导致植株死亡。盆土主要使用腐叶土、园土、饼肥渣配制，比例是 4：4：2，不要深栽，因为根系生长可能会受到影响。一般盆栽茉莉 2~3 年换 1 次盆。盛夏的时候早晚都需要浇水，如果空气太干还需要喷水。冬季休眠期，要控制浇水量。3 月的时候就可以修剪一下茉莉的形状。最需要注意的是修剪过密枝、干枯枝、病弱枝、交叉枝等，然后将留下的枝条剪短，枝条的长度可以保留到 15 厘米，这样对开花有利。

茉莉的繁殖方式是扦插、压条法，培植的最适合位置是东、南向阳台。

沙漠玫瑰

沙漠玫瑰的别名是天宝花，这是一种夹竹桃科沙漠玫瑰属花卉，原产地是肯尼亚、坦桑尼亚、津巴布韦等国家，是一种很受欢迎的多肉植物。

沙漠玫瑰在原产地能够长成2米高的小乔木，盆栽的时候能长到0.5~1米。有粗大的肉质化茎干，基部通常要粗一些，分枝短，表皮呈淡绿色至灰黄色。叶通常生长在分枝的顶端，呈互生的形状，叶片长有短柄，披针形，基部是楔形。叶片正面为深绿色，有光泽，背面粗糙、呈淡绿色。花的数量可以达到2~10朵。花序是伞形，花筒是长圆筒状，花冠是玫瑰红色。

沙漠玫瑰生存的环境有温暖、干燥、光照充足的特点，耐干旱但不耐水湿，能承受炎热的环境，但是比较畏寒。生长适温为20~30℃。家庭阳台种植的时候就应该放到阳光或散射光照射充分的区域，种植的土壤用钙质含量丰富的沙土，土质要满足肥沃、疏松、排水良好的要求。夏季可置于室外栽培，平时要注意定期浇水、施肥。

沙漠玫瑰最适合的种植方式是播种和扦插，但扦插成活的植株茎基部不会膨开。最理想的培养位置是西向阳台。

◆ 沙漠玫瑰

◆ 沙漠玫瑰

◆ 攀缘植物

◆ 常春藤

攀缘植物

种类

攀缘植物有许多种类，其中有一年生的植物，也有多年生的植物，具体还可以细分成观花、观叶、观果、落叶、常绿植物等，不同的植物可以给花园带来许多新奇的景观搭配。

常春藤

常春藤属于五加科常春藤属，是一种多年生的常绿攀缘灌木，植物生长有气生根，茎部的颜色是灰棕色或黑棕色，生长方式是单叶互生，叶片光滑；叶柄无托叶，有鳞片；生长花的叶片形状是椭圆状披针形，顶部长单个花，花序是伞形，花的颜色是淡黄色、白色、淡绿色；花盘部分是黄色，呈现为隆起状。有圆球形的果实，果实颜色是红色或黄色，花期主要在 9~11月，果期是翌年 3~5 月。

常春藤全年绿色，有美丽的叶子，我国南方地区主要将其做成垂直绿化的植物。栽植的位置是假山旁、墙根，培育的形态则是垂直或覆盖生长，可以装饰美化环境。盆栽的时候常用到中小盆，还可以塑造成许多造型，然后陈设到室内。也可用来遮盖室内花园的墙壁，从而让墙壁景观变得更加自然清新。

◆ 常春藤

许多人对常春藤产生过误解，他们将常春藤看成是寄生植物，认为它的存在会直接扼杀别的植物。事实上，它们的攀缘茎仅仅是固定在攀缘物的表面。常春藤经常攀爬的树干是支撑物，但拥有自己的根系。常春藤经常旺盛生长在长势差的树上，这是因为树的长势不佳，可以给它带来更多的光照。鸟类也喜欢在常春藤的叶片中间筑巢，这些叶片能够为它们提供适宜的食物和温度，对于益虫而言，藤叶通常是很好的庇护所。不适合常春藤生长的树是幼树和非常脆弱的老树，因为这些树更需要足够的养分。

常春藤的种类有十几个品种和一大批的变种，不同品种的区别主要是叶片形状的不同，常见的叶片形状是三裂片型复叶，叶形不同也会产生完全不同的装饰效果。

部分常春藤叶片上带有金边，最知名的种类是金边常春藤；许多的叶片中心部分是金黄色，比如金心常春藤；部分的叶片上还有奶白色的点缀，比如加拿列常春藤。大多数常春藤秋季还是绿色，但部分种类会转变成淡紫红色，比如海伯尼亚常春藤。常春藤的生长是非常旺盛的，长度通常在 3~7 米，但也有例外，有些有趣的常春藤品种天生矮小，比如西洋常春藤，这种品种适合种在花盆里。

常春藤通常可以附着许多支撑物生长，另外还可以覆盖地面，常春藤没有特别的卷须，可以不依附栅栏生长。

爬山虎

爬山虎属于葡萄科，是一种攀缘植物，别名五叶地锦。爬山虎原产地是亚洲和北美洲，这种植物经常可以快速生长铺满整片墙面和建筑物的表面。爬山虎夏季会开出白色的小花，秋季则会结出浆果。

爬山虎有各种不同的品种，其不同品种间的最大区别在于叶片形状，但大多是宽叶型或锯齿叶型，秋季时叶片的颜色也有不同，主要是紫红和金黄两种颜色的深浅浓淡的变化。在爬山虎及其变种上经常能够看到长锯齿形的复叶，即一片叶子上经常能够分出五片小叶，而三叶地锦及其变种通常没有复叶，只长有完整的宽叶。

爬山虎经常依靠卷须末端的小吸盘固定茎干，故而不需要任何支撑物。

◆ 爬山虎

◆ 爬山虎

啤酒花

啤酒花常用于啤酒的酿造过程中。啤酒花的生命力相当旺盛，属于攀缘植物的一种，经常可以迅速地爬满藤架、围墙、大树的树干。啤酒花通常有复叶生出，另外还会分裂出 5~7 片小叶。啤酒花有很强的装饰性，不过也相对少见。其中可以开出白花的啤酒花常用到庭院装饰中。

种植啤酒花通常要设置栅栏供啤酒花向上攀爬。

◆ 啤酒花

铁线莲

铁线莲是一种很壮观的观花植物。它的名字来自希腊语的“klema”，意为“黏稠的枝条”。现在的铁线莲主要是攀缘的植物，铁线莲的种类有 250 个，变种则有 500 个。

铁线莲开放的花是很美丽的。花朵的大小从几厘米到 20 厘米，颜色分为许多种，常见的颜色包括白色、红色、粉色、蓝色、黄色等，不同的色彩还有浓淡的区别。具体选择铁线莲品种的时候通常还要留意别的特征，比方说香味、冬季落叶的情况，花朵是铃铛状、酒盅状还是卷心菜状的，另外还有花期的问题，有些品种在春、夏、秋三季都会开花，有一种铁线莲的名字是白色铃铛，这种植物能够在冬季圣诞节左右开花。铁线莲属可以区分为小花型和大花型。

小花铁线莲开出的花瓣是椭圆形的，不同的品种花瓣长度不同，花瓣的长度能够达到 4~7 厘米。小花铁线莲会落叶，有十几个常见变种，主要的颜色有蓝色、粉红色和白色。

小木通铁线莲的产地是中国，这种铁线莲终年常青，三四月份这种铁线莲会开放直径在 5 厘米大小的奶白色花朵，花朵有非常浓郁的香气。这种铁线莲不耐寒，铁线莲最怕严寒霜冻，故而需要放置在避风良好、光照正常的环境里。

◆ 铁线莲

◆ 铁线莲

山铁线莲有很强的生命力，通常在春季开花。一部分品种还有清淡的香气。

甘青铁线莲是一种会落叶的植物，有钟形的花朵，花的颜色是黄色，每年的 7~8 月开花。

上面提到的品种均为小花，大花铁线莲有更大更漂亮的花朵，花朵甚至看起来不算“自然”，这种铁线莲是栽培变种和野生品种综合杂交之后的产物，杂交的品种包括转子莲、杰克曼氏铁线莲等。部分大花铁线莲一年之中都会开花，花期主要集中在 5 月、6 月和 9 月份。大花铁线莲常见的种类包括白色花的“伊萨哥”和“白雪皇后”，粉红色花的种类“爱莎”“如梦”，另外蓝色重瓣的品种名为“蓝光”。

培育铁线莲的时候，可以选择任何天然或人工的支撑物，可是要注意避免它们攀爬在朝南的墙面上，因为日光太强会晒坏它们。

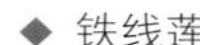

◆ 铁线莲

攀缘绣球花

攀缘绣球花属于虎耳草科绣球属。绣球花的原产地是亚洲东部地区、智利和墨西哥，会开放出团状的小花，花瓣扁平。

藤绣球的产地是日本，这是一种落叶灌木，生长有伞状的白色花序。

水手绣球的原产地是墨西哥，这是一种大叶常绿植物，有很强的生命力，叶片的脉络是红褐色，表面带有光泽，花序为聚合的伞状，白色的花瓣大而扁平，最适合种植的地区是地中海及大西洋沿岸地区。这种植物的叶片为椭圆形，生命力比较强，花朵呈奶白色。

种植攀缘类绣球花需要使用支撑物，支撑物的类型是很多样的，比方说栅栏、墙面、老树等。

◆ 攀缘绣球花

◆ 攀缘绣球花

凌霄花

凌霄花有很强的适应能力，生命力顽强，凌霄花的叶片部分是锯齿状的，它最具观赏性的部分是浓密的管状、喇叭状的花朵，花的颜色很明艳。

普通凌霄花和变种都生长着顶生的圆锥花序，颜色是粉橙色，花朵的直径通常在 8~12 厘米。

美国凌霄花在夏季开花，花朵为金黄色。

杂交凌霄花“盖伦夫人”开放着喇叭形的花朵，花朵颜色是明亮的橙红色。

南洋凌霄花的适应能力不强，植物本身生有卷须，会开放巧克力味的黄色或橙色花朵。

凌霄花通常没有定根地攀缘在不同的支撑物上，比方说栅栏、铁丝网、不平整的墙面、老树干、木制的围栏等。

◆ 凌霄花

忍冬

忍冬的原产地是亚洲，这是一种爬藤植物，开放着管状的花朵，花朵有相当独特的香气。忍冬又名金银花。

◆ 忍冬

金银花“京红久”四季常绿，花瓣的颜色是粉红色，花蕊的颜色是橙黄色。

红金银花是日本忍冬的一种，这种花的颜色是红色或白色，花带有香味。

白金银花是日本忍冬的一种，这种忍冬比较多见，花朵有香味，花朵刚开时是白色，后来会变成黄色。

忍冬的茎可以缠绕在栅栏、铁丝网上，同样能够缠绕到树干和灌木丛上。

西番莲

西番莲主要生产在热带地区，这种植物涵盖了 400 多个品种，西番莲是生长有卷须的常绿攀缘植物。西番莲种植在法国的时候常见的用途是观花或观叶，结实不多。西番莲的大量变种主要区别在花朵颜色上，常见的颜色有纯白色、鲜红色、淡紫色、红棕色等。

◆ 西番莲

蓝色西番莲有很强的适应能力，能够经受 −10℃的低温。西番莲的花朵直径可以达到 10~12 厘米，花瓣的颜色是白中透蓝，花蕊的颜色是淡紫色。秋季会生长出小型的果实，可食用，但味道一般。粉色西番莲生长的果实是比较美味的，不过这种西番莲只能种植到避风的地方。

西番莲生长有卷须，因此只要表面足够粗糙，它们就能够生长并且爬满整个平面，所以如要种植西番莲，需要使用栅栏把墙体加高。

猕猴桃

猕猴桃属中包含了 40 多个品种，最著名的品种就是猕猴桃。猕猴桃有很强的生命力，如果一年不修剪，猕猴桃就会生长到其他植物的区域中。为促进结果，通常需要同时种植雄苗和雌苗，因为大多数猕猴桃只能开出雄花或雌花（也就是说，这种植物是雌雄异株的）。

软枣猕猴桃相比普通的猕猴桃树要低矮一些。不过这种植物很耐寒，甚至可以承受 -20℃的低温，并能在该环境中结实。相比普通的猕猴桃，软枣猕猴桃的果实要小一些，可是含糖量更高。

狗枣猕猴桃的叶片颜色是非常独特的，中间常可以看到嫩绿和粉红的色彩，这种猕猴桃通常用来装饰，不能耐受 0℃以下的低温。

在种植猕猴桃的时候，需要先将铁丝固定在支柱或墙头上，猕猴桃通常会顺着固定物生长。支撑物本身要足够坚固，因为该属植物生命力旺盛，不但有大量的叶片，还有许多的果实，通常会给支撑物带来较重的负担。

◆ 猕猴桃

◆ 猕猴桃

◆ 葡萄

葡萄

葡萄如同法国梧桐一般，如果行走在走廊上爬满葡萄藤的绿廊，那种感觉也肯定是非常惬意的。葡萄属的植物品种超过几千个。

如果想吃到葡萄的果实，就要选择适合在当地种植的品种，可以前往市场看看。最容易种植的葡萄品种是“莎斯拉”和“汉堡麝香”，后者的葡萄籽是黑色的。还可以选择无籽的变种，比方说“莫利莎”“无核王子”。

因为葡萄本身长着卷须，因此可以固定住任何支撑物，比方说栅栏、藤架、拉直的线绳等。

◆ 葡萄

选择

种植攀缘植物的时候要注意选择符合当地气候的植物，栽种植物的时候先要详细阅读种子标签。不同植物适应性的差别是非常大的，甚至在同类植物中，也可能因为品种的不同产生适应性上的差别。

园艺家主要按照植物能够适应的气候进行区分，具体的类型有地中海气候植物，这种植物能够抵御 -10℃的寒冷天气；海洋性气候植物，所能承受的最低温度是 -14℃；有些植物能够承受的最低气温在 -15℃至 -22℃。上述分类只体现了植物最基本的适应情况，天气对植物的影响还包括寒冷天气持续的时间、空气温度以及植物自身含水量的问题等。

◆ 铁线莲

花园植物的养护

花园中的植物能不能保持生机盎然，基本取决于人的行为。当花园初步布置完毕后，剩下的工作便是养护了，怎样养护好美丽的植物，是一个需要综合考虑的问题。下面就来介绍这些内容。

花卉的养护

养护原则

花卉在生长过程中会因为有害生物侵袭、不良的环境因素而导致生长不良的情况。常见的情况是花卉叶片变形、变色，叶片有残缺现象，有时候在枝叶上会出现许多病斑，最严重的情况就是枯萎、死亡，最终让花卉失去观赏价值。花卉最需要注意的问题就是病虫害，花卉病害发生的原因有两个：一是栽培环境条件不良，比如水分太多或太少，光照太强或不足，温度过高或过低，营养不够或过剩，还有一些污染的因素，如烟尘、有害气体等，这些危害称为生理病害。这类病害可以直接危害花卉生长，不过没有传染的问题。二是病菌的影响，最常见的便是真菌、细菌、病毒等有害病菌，主要的病害多由真菌感染引起。这类病害在适宜的环境条件下，就能够大规模传染开来。综合来说，科学种植植物需要从三个方面做起。

◆ 花卉

◆ 风信子

◆ 郁金香

1. 栽培的环境要适合

通常说来，最佳的种植环境是通风、向阳的地方，光照、温度和湿度能够方便调节的情况下，病虫害就出现得少些。

平时养护的时候，需要注意清理病虫植株的残体和枯枝败叶，而且要及时清除干净这些杂物。在养护的过程中要避免重复污染，修剪、中耕、除草、摘心的时候需要科学操作，病菌可能通过用具和人手传染给健康的植株。有病的土壤和盆钵，不经消毒，不能重复使用。

2. 选择良种栽培苗木

栽种的时候要使用无病的苗木，或者使用品质出众、抗病虫能力优秀的种子。有些病虫害是通过繁殖材料传播开来的，对这类病害的合理防治需要培育和选择种植无病虫害的种子。同时，对土壤进行及时的消毒处理，把杂草清除干净，消除病虫害侵染源。

◆ 君子兰

3. 管理要到位

科学管理的主要方面是土壤、施肥、浇水等。如果可以保证施肥和灌水的科学合理，植株会生长得更加健壮。如果使用有机肥，就要注意充分腐熟，避免污染的扩散；若使用无机肥料，一定要注意各元素配比的科学平衡，这样植株才能生长旺盛，抗病力才能够更强。浇水的方法、次数、浇水量、时间都会直接影响到植物的生长发育和抗逆性。要治理病虫害，选择的农药尽量满足高效、低毒、污染小的要求，农药不能滥用。

（1）生物防治：这种方法是使用具备颉颃作用的微生物直接抑制或清除病原物。生物防治的广义指的是使用一切生物手段来治理病虫害的技术。狭义的生物防治则是指使用微生物进行病虫害防治的技术，通俗来说，就是以菌治病、以菌治虫、以虫治虫的防治方法。

（2）物理防治：物理方式使用的技术主要包括热处理、机械阻隔、射线辐照等。植物病原物能够承受一定程度的高温，如果超过承受限度便会死亡。许多叶部病害的病原菌都直接寄生在患病的残体上过冬，早春覆盖地膜能够最大限度地避免叶部病情的危害。一方面，塑料膜可以直接阻断病菌的传播；另一方面，覆膜可以升高土地温度和湿度，可加速病残体的腐烂，减少了侵染源。

（3）化学防治：目前使用化学手段进行防治是主流，这种方法简单、见效快。不过化学方法可能会影响环境质量，破坏生态平衡，还会培养出病原菌、害虫自身的抗药属性。因此在用药的时候一定要注意使用高效、低毒的药剂。

◆ 君子兰

◆ 君子兰

◆ 栀子花

病害防治

1. 非侵染性病害

这种病害的别称是生理病害，引起的直接原因是花卉对周围环境条件的不适应，处理这种情况最好的手段就是改良栽培技术。

（1）缺铁性黄化病：这种疾病主要出现在种植在北方土地上的南方花卉，种类有杜鹃、山茶、米兰、兰花、茉莉、栀子花及近年来兴起的观叶植物等。最初发病的特点是叶肉褪绿、发黄，叶脉不变色，但是表现为网状脉，当病害加重后就会出现全叶变黄脱落的情况，影响生长。

最常见的防治方法：

①施用矾肥水：配制矾肥水的配料为黑矾 2.5~3 千克，饼肥 5~7 千克，粪便 10~15 千克，加水 200~250 千克，然后经过一个月的沤制便可进行喷洒，用时需要稀释 1倍。也可按 1份黑矾、5份饼肥、100份水的比例配制。

②喷洒食醋液：按照食醋液 1:（250~300）的比例喷洒，喷洒的频率为 10 天 1 次，连喷 3~4 次。

③黑矾水浇喷：黑矾需要配制成 0.2%~0.5% 的溶液进行叶面喷洒。

（2）日灼病：如果花朵喜阴，常会因强光照射出现病态，这是生理病害的一种。最常出现的花卉类型包括：兰花、君子兰、山茶、杜鹃、蕨类植物、喜阴芋属观叶植物等。如果嫩叶部分遭受侵害，会直接导致叶面粗糙，不再有光泽，叶片的向光面常出现褪绿的黄褐色或黄白色的枯斑，最严重的情况下就会出现叶缘叶尖变白焦枯。

处理方法：清明到寒露的时间段内，需要把喜阴花卉放置到遮光率为50%~70% 的遮阴棚中，尽量不要让强光直射。

◆ 栀子花

◆ 万寿菊

◆ 万寿菊

2. 侵染性病害

这种病害又称为寄生性病害，这种病害出现的罪魁祸首是细菌、真菌、病毒、线虫、类菌原体等。

（1）真菌病害：病害是真菌滋生导致的。真菌病是花卉常见的侵染性病害。通常真菌需要使用显微镜才能观察到，真菌从寄主身上吸取养分，而且寄生的活动会直接导致植物组织的破坏，从而出现生白粉、锈粉、煤污、斑点、腐烂、枯萎、畸形等症状。真菌病常见的侵染途径是空气、水、昆虫、人类和其他动物或植物本身。

真菌引起的主要疾病有月季黑斑病、白粉病、菊花褐斑病、芍药红斑病、兰花炭疽病、玫瑰锈病、花卉幼苗立枯病等。

针对不同的真菌病害，可使用不同的处理方式。

第一，白粉病、炭疽病、黑斑病、褐斑病、叶斑病、灰霉病等疾病是真菌病害的常见种类，下面主要介绍炭疽病和褐斑病的具体问题。

炭疽病的别称是黑斑病、斑点病等，主要的危害部分是植物叶片，同时还可能侵害茎干幼嫩的部分。炭疽病发病最初的时候经常在叶面上出现若干淡黄色、黑褐色、淡灰色的小片，在病变区域常可以看到黑色斑点，还有黑斑聚生成带状的情况。黑色病斑进一步发展会导致周围组织衰变成黄色或灰绿色，然后出现陷落的情况，最严重的情况是叶片枯死。幼芽嫩茎经常会出现发病腐烂的情况，分生孢子的传播途径是空气，并以萌发的孢子通过伤口侵染。夏季多雨季节时，在空气湿度高、通风差、条件不佳的温室中常见炭疽病害。

处理方法：栽培的管理要严格，植物生长的环境要求通风透光，同时合理施肥，不能直接施氮肥，需要增加磷、钾肥，使植株生长健壮。合理施肥才能提升植物的抗病力，同时还可以改善栽培的基质，通常情况下避免使用多次使用过的盆土，土壤需要消毒；发病的时候要把感染的部位彻底清除，同时还可以利用75%的百菌清800倍液加0.2%的中性洗衣粉或辣椒水喷洒。

◆ 万寿菊

褐斑病主要出现在高温的环境中，最容易侵染的植物种类是龙血树、龟背竹、垂枝榕等室内的观叶植物。褐斑病侵染的叶片上经常可以看到圆形或近圆形的病斑，当病情初步出现的时候，叶片上会生长出小圆形的黑斑，黑斑部分扩大变成圆形或近圆形。病斑扩大之后的边缘渐变为黑褐色，中心部分则成了灰黑色，还可以经常看到黑色的小点，最终导致病斑相连，以致全叶枯萎。

处理方法：平时要多剪除、烧毁病叶，避免传染的情况，同时需要注意通风透光等情况。根据发病情况，可用甲基托布津或多菌灵 1000 倍液喷施防治。

对于上述的主要疾病，有一些通行的处理措施可供参考：①深秋或早春时节，需要注意清除枯萎的落叶，主要修剪病枝和病叶；②预防的方法：喷洒 65% 代森锌 600 倍液保护；③施肥和浇水的过程需要注意合理，努力避免通风和透光的现象；④初期控制喷洒 50% 多菌灵，或 50% 托布津 500~600 倍液，或 75% 百菌清 600~800 倍液。

第二，锈病。第一种病害的通用处理方法都可供参考，另外在病情出现后，可以喷洒 97% 敌锈钠 250~300 倍液，或 25% 粉锈宁 1500~2500 倍液。

第三，叶枯病、根腐病。引起叶枯病的真菌是水霉菌，这种真菌主要依赖空气传播。通常情况下，高温、冷害、日灼、药害、营养失调都会导致植株失去生长活力，从而诱发叶枯病。最初发病的部位是叶尖或叶片前端，发病初期在叶尖上出现褐色小斑点，然后叶片的斑点逐渐扩大变成灰褐色的病斑，中间部分逐渐变成了灰褐色，上面常常可以看到小黑点，相邻的病斑经常组合成大病斑，最终的结果就是叶片凋零枯萎。

处理方法：发病初期要注意将病叶剔除，同时要注意喷洒 75% 百菌清可湿性粉剂 600 倍液防治，隔 10 天左右喷 1 次，共喷 2~3 次。出现疾病的植株还需要注意不要沾到雨水或暂停浇水。

避免叶枯病和根腐病的常见处理措施：首先是土壤消毒，用 1% 福尔马林对土壤或培养土进行处理，可以将土壤放到锅中加热 1 小时；其次浇水的时候干湿合理，注意避免积水的情况；最后要注意发病初期使用 50% 代森铵 300~400 倍液浇灌根际，药液的浓度需要达到 2~4 千克 / 平方米。

◆ 菊花

◆ 菊花

◆ 菊花

◆ 桂花

第四，白绢病、菌核病。白绢病通常出现在高温且降水多的季节。当植物感染这种病害时，茎基部会生长出黄色至淡褐色的流水状病斑，随后出现白色的菌丝，然后这种病害主要会在根际部分的土壤表面和茎基部传染，当菌丝体纠结成一团的时候会成为栗褐色或蓝色菌核。病菌主要破坏植株基部，并感染幼叶和根部。植株遭受病害后，叶片会变成黄色，随后就会枯死，然后根部和假鳞茎部分就会极快地衰萎与腐烂。当病情传染到上部时，茎会出现坏蚀槽，接着腐烂，从而导致全株死亡。

处理方法：当这种病情发生时，应立即剪去病茎，然后消毒。消毒时要将植株浸泡在 1% 的硫酸铜溶液中，盆土用 50% 多菌灵可湿性粉剂进行消毒，或者使用 50% 多菌灵 1000 倍液在根部的土壤部分喷涂，以控制病害蔓延。

可以从四个方面预防这种病害：一是利用 1% 福尔马林液或用 70% 五氯硝基苯对土壤进行消毒，浓度基本上是五氯硝基苯 5~8 克 / 平方米，拌 30 倍细土施入土中；二是注意使用无病种苗或在栽种之前使用 70% 托布津 500 倍液浸泡 10 分钟；三是使用轮作的制度，避免重茬；四是合理浇灌，下雨后及时排水。

第五，煤烟病。当病情出现的时候，可以使用清水对患病的枝叶进行擦拭，然后喷洒 50% 多菌灵 500~800 倍液。

（2）细菌病害：这种病害出现的根源是细菌。细菌必须使用显微镜才能观察到。细菌大量繁殖会产生毒素，进而导致植物体腐烂或组织的衰亡，有时候还可能堵塞、破坏维管束，形成肿瘤。细菌防治的难度是比较大的，故而防治的重点就在于避免病菌的产生。

细菌病害的危害重点通常在斑点、溃疡、萎蔫、畸形等方面。主要的病菌危害包括：樱花细菌性根癌病、碧桃细菌性穿孔病及鸢尾、仙客来细菌性软腐病。

针对不同的病害，要选择不同的处理方法。

第一，软腐病：一是处理贮藏的区域利用 1% 福尔马林液消毒，同时要注意保持储藏地方的干燥和通风；二是实行轮作，盆栽的换土频率是 1 年 1 次；三是及时防治害虫，早春时候就注意利用辛硫磷等农药防治土中的害虫；四是出现病害后使用敌克松 600~800 倍液对植物周围的根际土壤进行消毒。

第二，根癌病：预防这种疾病需要分两方面，一是需要选用无病苗木，注意轮作，主要利用五氯硝基苯消毒土壤，浓度是每平方米 70% 粉剂 6~8 克拌细土 0.5 千克再翻到土壤里；二是发病后立即切除病瘤，并用 0.1% 汞水消毒。

◆ 桂花

◆ 桂花

第三，细菌性穿孔病：预防病害要利用65%代森锌600倍液进行喷洒，一旦发现受害部分，立刻清除并销毁，在发病初期需要使用50%退菌特800～1000倍液进行喷涂。

（3）病毒病害：病害出现的原因是病毒，具体的症状表现包括花叶黄化、卷叶、畸形、丛矮、坏死等。病毒传播的途径有刺吸式昆虫、嫁接、机械损伤等，有时候在修剪、切花、锄草的时候，工具和手上都会染上病毒汁液，从而导致病毒传染。病毒导致的疾病类型有郁金香病毒病、仙客来病毒病、一串红花叶病毒病及菊花、大丽花病毒病等。

处理方法：对于病毒最好的处理方法就是选择耐病和抗病性能优良的品种。对于植物的繁殖部分则需要注意选择无菌的材料，如块根、块茎、鳞茎、种子、幼苗、插条、接穗、砧木等。铲除杂草，减少病毒侵染源。平时使用40%乐果乳剂1000~1500倍液防治可能携带病毒的蚜虫、粉虱等昆虫。如果发现病株，要注意马上剔除并烧毁，手和工具接触了病株，要利用肥皂水洗净，避免人为因素的传播。种子在种植前可以适当加温杀菌，一般种子通常利用50~55℃温汤浸10～15分钟进行初步杀菌。平时要注意培育的管理，比方说合理通风透光，合理施肥与浇水，保证植物花卉的健壮生长，可减轻病毒病危害。

◆ 风信子

◆ 风信子

（4）线虫病害：这种危害的根源是寄生的线虫，主要的病情症状为植物的主根及侧根上出现了体积不一的瘤状物。主要的病害有仙客来、凤仙花、牡丹、月季等花木的根结线虫病。

处理方法：利用密度为 3% 呋喃丹颗粒剂约 25 克 / 平方米，非常均匀地喷洒在土壤里，上面要覆盖约 10 厘米厚的土，同时注意水分要灌溉充足，药物的有效时间能够达到 45 天左右，且能兼治其他害虫，如蚜虫、红蜘蛛、介壳虫、地下害虫等。

◆ 风信子

◆ 茉莉

虫害防治

花卉会生许多害虫，害虫的类型包括四类，主要有刺吸害虫、食叶害虫、蛀干害虫和地下害虫。

1. 刺吸害虫

代表性的害虫类型有蚜虫、红蜘蛛、粉虱、介壳虫、蓟马、蝽象等。通常这些害虫都有针状的口器，可以直接刺破花卉的组织，同时吸取花卉的组织汁液，引起卷叶、虫瘿、叶片呈现灰黄色的小点，甚至可能导致叶片、枝条枯黄等症状。

（1）蚜虫

蚜虫有非常强的繁殖能力，一年中便可以繁殖几代到几十代，主要吸取花卉新芽和叶片上的汁液，危害的结果是植株叶片变形、皱缩、卷曲。蚜虫是病毒的携带者，蚜虫分泌的蜜露则会导致煤烟病。

处理方法：如果蚜虫的数量不大，可以使用东西挤压或用毛笔等器物蘸水刷掉，然后用水冲洗；使用烟草水 50 倍液、肥皂水对叶片表面进行数次的涂抹；3~4 月间虫卵孵化，还可以使用洗衣粉、风油精、大蒜汁液、辣椒水进行处理。

◆ 茉莉

（2）红蜘蛛

红蜘蛛的体积不大，虫体的颜色多为红褐色或橘黄色。红蜘蛛的分布地域很大，而且食性杂乱，危害植物的时候，会利用刺吸口针吸取植物叶片中的营养，导致植株水分等代谢的情况失衡，甚至导致叶片上面出现黄白色小斑，白色小斑点会逐渐变成灰白色，叶面失去光彩，最终枯萎或者凋零，影响植株的正常生长发育。红蜘蛛生活的适宜环境有高温和干燥的特征。

处理方法：如果危害的叶片不多，可以摘除感染严重的叶片，同时利用清水清洗别的叶片；环境温度不能太高，通风情况必须良好，经常对叶片喷水增加湿度，尽量控制红蜘蛛的繁殖情况；灭杀的药剂有洗衣粉、风油精、大蒜汁液、辣椒水、烟叶水等，必要时使用杀虫剂。

（3）粉虱

粉虱的体积不大，虫体遍布着白色的粉状蜡质。分布范围比较大，会危害多种花卉，通常出现在通风状况不佳、干燥的环境中。危害时以刺吸口器从叶片背面插入，吸取叶片中的汁液，导致叶片枯黄，在吸食的伤口周围还会分泌出大量的蜜露，进而导致褐腐病的出现，很容易导致植物整体死亡。粉虱由于繁殖能力强，在温室内一年可繁殖 9~10 代，故而可以在短时间达到一个非常可怕的数量。

处理方法：粉虱成虫的表面有白色蜡质粉覆盖物，因此防治的重点还是在若虫期，防治经常利用洗衣粉、蚊香、辣椒水、花椒水等。

◆ 茉莉

◆ 天竺葵

◆ 天竺葵

◆ 天竺葵

（4）介壳虫

介壳虫是一种非常常见的害虫。它的种类很庞大，寄生的主要部分是植物的幼嫩茎叶上，呈白粉状，主要的危害方式是利用刺吸式口器吸取植物汁液。当植物受到轻度损害时，花卉的器官就可能出现老化的情况，植株的生长情况遭受影响；重则导致植物枯枝、落叶，甚至整株死亡。介壳虫损害了植物之后，植物伤口可能会因此染上病毒，而且介壳虫的分泌物易招致黑霉菌的发生。

介壳虫可以在一年中繁殖几代，繁殖速度很快。成虫的体表覆盖有蜡质介壳，一般农药难以进入，防治难度很大，一旦发生，也不易清除干净。

处理方法：最需要注意的是预防，首先在选种的时候就必须确定种子是无菌无幼虫的，其次由于介壳虫多在水湿过重而又通风不良的环境中出现，平时培养植物的时候，需要注意环境的通风状况，避免过分潮湿；有少量介壳虫时，可以先用刷子刷掉，再用水进行冲刷；采用药物防治的最佳时期是若虫刚刚孵化，还没生长出蜡质壳的时候，使用杀虫剂喷雾，也可使用土制农药，比如洗衣粉、风油精、大蒜汁液、辣椒水等。

（5）蓟马

蓟马的体积很小，而且危害活动相对隐蔽，危害初期发现的难度比较大，主要危害花卉的花序、花朵和叶片。主要的危害方式就是使用针状口器吸取植物汁液，从而让植物的表面出现小白点或灰白色斑点，导致花卉本身的生理活动受到影响，失去应有的观赏价值；危害花序时，花序生长容易出现畸形，正常开花受到影响，花朵的颜色也会受到影响。

处理方法：蓟马主要的危害部分是花序和花朵，危害有隐蔽性，因此需要注意在花序抽出前便进行防治；每年对全株喷洒 1~2 次烟叶水杀死蓟马。

◆ 天竺葵

◆ 非洲菊

◆ 非洲菊

2. 食叶害虫

害虫的主要类型有刺蛾、蓑蛾、卷叶蛾、夜蛾、毒蛾、天蛾、舟蛾、枯叶蛾、凤蝶、粉蝶等幼虫和金龟子、象甲、叶蜂、蜗牛、蛞蝓等。不同于刺吸害虫，这种害虫有咀嚼式口器，因而可以取食固体的植物，导致叶片缺损，有的卷叶危害，甚至可能将叶脉外的部分全部吃掉。

蜗牛和蛞蝓是软体动物的一种，蜗牛的外部长有硬壳，蛞蝓无壳，一年通常出现一代。这类动物生长的环境有阴湿的特点，白天多藏在无光、潮湿的地方，主要在晚上活动，特别是在大雨过后的凌晨或傍晚经常有大量的害虫出现，啃食植物的幼根、嫩叶与花朵，导致植株残缺，从而直接影响到植物的生长和观赏问题，还可能导致植株死亡。蜗牛和蛞蝓只要爬过叶片，便会留下光亮、透明的黏液一样的线条，冬季温度低的时候，这种害虫经常隐藏在石头间隙和盆内的空隙中。

处理方法：注意卫生情况，平时要注意清除枯枝败叶，发现害虫就需要主动捕杀；人工捕杀不行的话就要利用毒饵诱杀，常用的杀虫剂有灭螺力、麸皮拌敌百虫等，将杀虫剂撒到它们经常出现的区域。另外还需要注意在植株周围、台架及花盆上泼浇茶籽饼水，也可以在培养基质的上面撒 8% 灭蜗灵颗粒剂或生石灰、饱和食盐水等，还可以在植株两旁放置数碟啤酒，第二天清晨就能够看到蛞蝓醉死在碟内。

预防措施：预防这种害虫，首先需要人工清除越冬虫茧或护囊等；其次在害虫的幼虫时期，使用 90% 敌百虫或 50% 辛硫磷或 50% 杀螟松 1000 倍液进行喷杀。对于金龟子和叶蜂则可以利用人工捕杀法。

3. 蛀干害虫

危害花木茎干部分的主要害虫包括天牛、木蠹蛾、吉丁虫、茎蜂等。这种害虫主要是钻在蛀花木枝条、茎干当中进行侵害，会直接导致虫洞或者坑道的出现。

处理方法：对于各种类型的蛀干害虫，有对应的防治方法，也有一些共通的防治措施，可以使用钢丝伸入虫孔中，刺死幼虫或从虫孔的地方灌入 80% 敌敌畏或 40% 氧化乐果 20~50 倍液，药剂注射后立刻用泥封住虫孔；防治天牛的方式则是人工捕杀；防治木蠹蛾可以利用灯光诱杀；防治吉丁虫则可以利用成虫本身的假死习性，于清晨人工摇枝捕杀等。

◆ 非洲菊

◆ 非洲菊

◆ 桂花

4. 地下害虫

地下害虫主要生长在土中，通常危害的部位是花根部或靠近土表的茎干。地下害虫的主要类型有蛴螬、蝼蛄、地老虎、金针虫、大蟋蟀、地蛆等。地下害虫直接啃食植物的根、嫩茎、球茎，会直接导致植物的根茎部分腐烂，植株因此死亡。线虫如果危害植物的根部，可能让根部出现串珠状结节或小瘤，导致植物的地上部分生长不良、叶色发黄、叶片数量变少，最终导致死亡。这类害虫平时生活在土中，发现难度大，同时危害盛期多集中在春、秋两季。

处理方法：一是毒谷毒杀，先把谷子加热到半熟，然后晒成半干，搅拌 50% 辛硫磷乳剂，具体药量配比是谷子重量的 0.1%~0.2%，搅拌均匀之后就可以掺入土中，这种方法可以直接防治蛞蝼、蛴螬、金针虫等；二是使用毒饵，混合 50 克 90% 晶体敌百虫和 5 千克饵料制作成诱杀的饵料，在傍晚施于寄主花卉根际附近，即可诱杀蝼蛄、地老虎等；三是防治地老虎可以使用人工捕杀的方式；四是防治地蛆可用 40% 乐果 1000 倍液浇灌寄主花卉根际。

观赏植物的养护

正确的浇水原则与管理

如果环境中的温度恒定，湿度稳定而且没有光线暴晒，水分蒸发会变慢，浇水的频度就比种植在户外的植物要小些。为了让观叶植物可以正常生长，管理的时候通常要注意做出干湿的周期性变化，使土壤中有气体流动，从而保证植物的根部能够吸取充足的氧气，因此并不需要每天都在固定时间浇水，具体要观察个别植物对水分的需要。

1. 浇水的最佳时机

（1）手指的两个指节插入泥土中，感觉干燥的情况下浇水。

（2）叶片肥厚的植物通常相对耐旱，叶片垂下时可浇水。

（3）小盆栽可以用手来掂量重量，发现变轻了就浇水。

◆ 桂花

◆ 桂花

◆ 桂花

◆ 蝴蝶兰

2. 浇水的细节

（1）花盆和水盘中间可以放陶粒，这可以避免蚊子繁殖。

（2）浇水要透，当水盆底部有水冒出方可。

（3）盘内积水注意清除，避免根部积水腐烂。

3. 浇水的方式

（1）浇灌式

把水浇灌于植栽中，水不沾到叶子，适合叶面怕湿、容易腐烂的观叶植物。

（2）喷雾式

喷雾的方式可以让叶子保持翠绿，而且可以给叶面降温，适合喜欢高温度且叶片薄的观叶植物。

（3）浸吸式

把水倒在水盘之中，水盘干涸后再次倒水，且水位高度不能高于盆器的 1/5，以防根部浸水腐烂。

修剪技巧

对植物修剪的行为不仅有利于维持植物的优雅外形，而且可以促进分枝，对于植物生长帮助很大，如果修剪过密的枝叶，也更容易发现藏匿的害虫，避免因为通风问题导致病虫害出现。通常，一般的观叶植物并不用经常养护，只要修去老枝、黄叶、病虫害危害的部分就可以了。

◆ 蝴蝶兰

◆ 蝴蝶兰

1. 摘除顶芽

许多植物都有顶端优势，这个时候要让植物生长得更茂密，必须摘除顶芽，从而刺激侧芽生长，让植株茂盛。

操作步骤：

先用一只手捏住顶芽下方的第二个枝节，然后另外一只手捏住顶芽稍稍用力折断，就可以折下顶芽。当摘掉顶芽后，分枝就会从顶芽部分抽生出来。

2. 疏剪

有一些植物生长得太茂盛，因此平时就需要疏剪，避免因为通风状况不佳而导致病虫害。

（1）剪去枯枝：修剪枯枝要注意从近根部处进行修剪。

（2）去除枯叶：修剪枯叶有利于节省养分，为新生芽生长留下足够的空间。

（3）修剪的准确点：只有修剪位置正确才能确保分枝，修剪的位置应该是在分枝的节点上方，这个部位称为芽点，可以促进新芽直接萌发。

（4）修除抽高茎部：使用这种技术能够提升植株高度，并促进分枝。

（5）修掉焦黄叶尖：通常剪掉焦黄的部分，其他叶片也会继续焦黄下去，这种情况必须找出准确的解决办法。

◆ 苏铁

◆ 苏铁

常见繁殖法

观叶植物常采用的繁殖方式有分株、扦插（茎插、叶插）、播种、压条等。分株法常用在基部可以分枝或长叶的植物之上，比方说粗肋草、竹芋类、波士顿肾蕨等；茎插法则主要应用在草本的观叶植物上；叶插法主要用在叶片肥厚的观叶植物之上；木本观叶植物主要的繁殖方式是播种和空中压条法。

1. 分株法

分株的时候注意别分得太细散，常用的分株方式是对分。操作时要留意根系的完整，种植的时候不要种得过深，种植到新的盆中时，要注意浇水与叶面喷水保湿。

（1）选择适合分株的植株：通常挑选生长空间与根部太拥挤的植株。

（2）对半剪开：从介质的中间部分剪开，根系如果太密集就使用剪刀清理一部分。

（3）分开植株：把一棵植株分离成两棵植株。

（4）移到新盆中：把植株放到盆器中，放满介质，然后轻轻压一下，浇水后对叶片喷水保湿。

◆ 苏铁

◆ 苏铁

◆ 富贵竹

2. 平铺式茎插法

蔓生而且生长有气生根的观叶植物，就可以使用平铺式茎插法，这种繁殖方式整合了压条法和扦插法，巧妙利用了匍匐枝节处生根的生长特点。

剪取枝条：用来繁殖的枝条必须是生长旺盛的，将枝条剪成几段，一段的长度在 5~7 厘米，需带有数枚叶片。

寻找气生根：观察茎节处，寻找已经生出的气生根。

枝条铺在介质上：铺到介质上之后，基部则需要插到介质中，另外还需要留意让气生根插到介质中。

喷水保湿：当准备工作完成后，可以喷水保湿。

平铺式茎插法的注意事项：

玲珑冷水花、毛虾蟆草、水竹草、吊竹草等类型的植物需要把茎基部全部插到介质中；串钱藤、弦月、绿之铃、爱之蔓等植物多肉质，就可以避免埋到茎叶，因为茎叶可能会腐烂。

3. 茎插法

这种扦插方法是使用茎部进行繁殖的，草本观叶植物利用长势出色的新枝，木本观叶植物则可以使用生长健康的饱满枝条。此方法重点是水分供需平衡。

（1）剪下枝条：选择成熟的枝条，剪下。

（2）水培：直接将枝条插到清水中，放置到室内明亮的地方，1 周换 1 次水，2~3 周便可以生出根系，再移到介质中种植即可。

土培：如果插到介质中，叶片需要剪掉一半，以减少水分蒸发，插好后需要注意浇水。

4. 叶插法

这种繁殖的方法就需要利用有厚重叶片的观叶植物，种类有虎尾兰、椒草、油点百合、非洲紫罗兰等。

（1）叶片的挑选：植株的叶子生长茂密的时候就可以繁殖。

（2）在叶片分枝的地方剪下叶片。

（3）保留部分叶柄：留下的叶柄长度要求是 1~2 厘米，等切口干了之后再进行扦插。

（4）扦插：将叶子插入介质中，插入深度能够保证站立即可。

5. 播种法

现代人对于室内的观叶植物通常都很感兴趣，想要制造这种景观，就要选用木本植物，木本植物的茎干部分相当健壮，可支撑幼苗使之直挺，这样才会像片小森林。

◆ 多裂棕竹

◆ 多裂棕竹

（1）种子的选择：可供选择的种子类型是成熟、新鲜的。品质合格的种子发芽率更高。

（2）泡水：泡水的时间在 3~4 小时，打破种子的休眠期，使其较易发芽。

（3）裂缝朝下入土：通常要注意将种子的中央裂缝面向下，放到土中。

播种法的注意事项：

如果种子本身体积比较大，种子之间的间距要保留 1~1.5 厘米，这样就可以避免植物生长后叶片过度摩擦。

6. 压条法

观叶植物主要的繁殖方式是分株法、扦插法、播种法，这几种方法成活率都是不错的，部分植物用扦插法效果更佳，如常春藤、黄金葛，因此不常用操作有难度的压条法。使用压条法的主要原因是一些木本观叶植物用扦插法较难长出根系，或操作的时候可能会修剪大量叶片，会直接影响到成活后的形貌，虽然这种方式具有成活率高、苗株形态美观的优点，不过还是无法大量使用。